求索不止，发展不息；
匠心精神，锤炼价值。

建学丛书暨第十三卷新书出版有感

许浩烈 [印]

二〇二〇年三月二十七日

于北京

建学丛书之十三

绿色校园
规划设计

于天赤　鲍冈　主编

中国建筑工业出版社

图书在版编目（CIP）数据

绿色校园规划设计／于天赤，鲍冈主编 .—北京：中国
建筑工业出版社，2020.4
（建学丛书之十三）
ISBN 978-7-112-24946-6

Ⅰ.①绿⋯　Ⅱ.①于⋯②鲍⋯　Ⅲ.①中小学－生态
建筑－校园规划－建筑设计　Ⅳ.①TU244.2

中国版本图书馆CIP数据核字（2020）第038819号

责任编辑：赵　莉　王　跃
责任校对：李欣慰

建学丛书之十三

绿色校园规划设计

于天赤　鲍冈　主编
*
中国建筑工业出版社出版、发行（北京海淀三里河路9号）
各地新华书店、建筑书店经销
北京雅盈中佳图文设计公司制版
北京建筑工业印刷厂印刷
*
开本：787×1092毫米　1/16　印张：$18\frac{3}{4}$　字数：545千字
2020年6月第一版　2020年6月第一次印刷
定价：**68.00**元
ISBN 978-7-112-24946-6
　　　（35684）

序

建学丛书已出到第十三卷了，使我想起在孙芳垂、冯康曾两位学长的主持下丛书的初创日子。在大家的积极参与下，丛书一卷卷地出版，不仅为建学众人所喜爱，也受到社会的肯定。它记录了大家辛勤劳动和积极创造的业绩，使我们既有实物的存在，又有创作思想的总结，十分宝贵。

本卷介绍了建学同仁在"绿色校园"的创造中所探讨的意境。它使我想起自己在曾经的小学，到穿插在市井喧哗的中学，以及国外多种式样的高校校园。从孩子到青年时代，每个学生对母校都留下了深刻的思想烙印。建筑师能使自己的作品在学生脑中留下美妙的回忆，是一个极大的喜悦。

我向各位创作者奉上诚挚的敬意，祝你们在创作多种多样的生态环境中，做出更丰富的成绩。

张钦楠（88岁）

2020年元月

目录

一、设计思考

二、案例总结

三、设计指引

1 设计思考

1

◇ 绿色校园规划设计理念与方法

鲍家声

摘　要：该文从可持续发展的视野，论述了绿色校园规划设计的理念和设计策略。全文内容包括绿色校园规划设计目标、绿色校园设计的价值观、绿色校园设计原则及绿色校园的设计策略等四个部分。文章强调了绿色校园规划设计要以人为本，突出和重视全局性、生态性、地域性、开放性的设计理念及其设计方法，供设计者参考。

关键词：绿色校园，绿色建筑，生态性，全局性，地域性，开放性

　　20 世纪 60 年代，人类的环境意识开始觉醒，有识之士开始揭示 200 余年来推行的工业文明所导致的严重的环境污染及能源的危机，特别是 20 世纪 70 年代，爆发了世界石油危机，从而导致能源危机，影响人类社会的发展。为了应对危机的挑战，人们提出了节约能源的要求，探索开发新的能源，因而"节能建筑""太阳能建筑"应运而生；应对环境污染，人们又相应提出了"健康建筑""生态建筑""绿色建筑"和"低碳建筑"等新的建筑名目。1972 年，联合国在瑞典斯德哥尔摩召开第一次人类环境会议，发表了《人类环境宣言》，提出"只有一个地球"，呼吁各国政府和人民为维护和改善全球环境而努力。这次会议可谓是"绿色"国际会议的起点，开始了工业时代的黑色文明"走向信息时代"的绿色文明的起点。人们在反思工业文明基础上提出了"可持续发展"的战略，"绿色建筑"就是为实现可持续发展而提倡的建筑。因此，校园的规划与设计也就必须为实现可持续的目标而进行绿色校园的规划设计。

1　绿色校园规划设计目标

　　绿色校园规划设计就是要为实现可持续发展的目标而规划设计。为此，绿色校园规划设计应该具有以下的特征。

1.1　绿色校园生态性的特征

　　校园及其建筑都是人造物，作为绿色校园规划设计就要明确自觉地把它视作一个有机的生命体，将校园及其建筑看作一个生态系统。校园及其建筑的规划、设计、建造、使用及维修等要参照生态

学原理，采用适当的科学技术手段，通过合理组织、规划、设计建筑的内外空间，充分挖掘、认知地域、场地的相关各类物质因素和非物质因素，探索适宜于当地自然生态环境和地域历史文化的人文环境的建筑空间形态，使其与环境之间成为一个有机结合体，从而营建一个高效、低耗、无废、无污、无害的生态平衡的建筑空间环境，使这个营造的人造环境与自然环境有机融合。

绿色校园生态性特征，意味着人造校园的建筑应回归自然，使人造环境与自然环境和谐共生，天人合一；意味着校园的营建和运营都要有利于自然环境的保护和自然资源的节约利用，有利于维持和提升生态系统的持续生长力。

此外，绿色校园规划设计，一定要适合当地的自然生态环境和地域历史文化的人文环境，必须根据当地的地理、气候、生态等条件，充分利用当地的自然资源优势，避开不利因素，进行合理的规划设计，有机地整合人造的建筑系统和自然生态系统，而不能使人造的建筑系统完全脱离自然系统，更不宜使人造建筑子系统替换原有的自然生态系统。虽然，地球生物圈这一庞大的生态系统有一定的包容能力，能化解和补偿人类行为对自然造成的一些不良影响，但是，过度的、超量的负面影响，是对环境不友好的表现，它可能直接导致自然生态环境的恶化或破坏。

1.2 绿色校园规划全局性、整体性的特征

可持续发展思想是基于"只有一个地球"的客观现实，从整体、全局观而提出来的。因此，在地球上所有的人造环境的营建都必须具有全局性和整体性特征。校园建设也不例外。绿色校园不仅要具有生态特征，而且也要有全局性和整体性的特征。这就意味着绿色校园的建设不仅使其人造建筑系统与生态环境系统相融合，而且还要考虑建筑系统全寿命周期中各个环节与生态系统之间的相互作用。在建设、运营、使用及维修过程中，不产生或尽量减少产生对自然环境和周边环境有负面影响的废气等有害之物，同时还要考虑地球上自然资源和能源的持续供应。

此外，绿色校园规划全局性和整体性的特征，也意味着我们在进行建筑策划、规划和设计过程中，不能只在技术层面上做文章，要从整体利益出发，要把环境、社会和经济层面上的问题统一考虑；也不能只就建筑论建筑，必须同时考虑场地所处的城市层面的问题。建筑师如果不重视城市层面的问题，不重视城市，不具备正确的城市观、整体观，他就不能真正全面了解规划设计的对象与城市的关系，因此也就难以对城市起到积极的作用，有时甚至带来负面的影响。建筑师在规划设计时，若对城市整体不关心，那么，起码对建设场地周边生态系统环境要给予应有的重视，不给周边环境造成负面影响。也就是说，绿色校园规划，不仅不要对自身所处地段的生态环境造成负面影响，也要对其周边地域空间的生态环境不造成负面的影响。正如可持续发展的定义所说："特定区域的需要不危害和不消费其他区域满足其需要的能力"。所以，绿色校园规划就应该不危害周边的生态环境，不挡人家的风，不遮人家的光，一个好的规划设计，就连建筑阴影也不要落在非自己所属的基地上。

1.3 绿色校园开放性特征

任何有机的生命体，在其面临环境变化时，都保持着开放性的特征。这种特征是一切有机体适应环境变化，保持可持续的生机和活力的保障。绿色校园作为一个有机生命体，作为生物圈中一个次级系统，也必然要具有这种开放性的特征，以保证校园环境能不断适应外界环境的变化，确保它能与时俱进，能可持续地利用。

绿色校园的开放性意味着校园的建设活动不是一种终结的活动，而是一种适应不断变化、处于动态的活动。因此，建筑规划与设计不是终极性的设计，建筑物不是终极性的产品，而是一个适应

使用过程变化的设计。它必须能适应不同时期、不同使用者、不同个性化要求而能不断地再设计、再建造、再使用，如此循环，以保障可持续的终结目标。

西安火箭军工程技术大学图书馆建筑就是按照开放建筑理念设计的，它把建筑空间分为可变空间（主要使用空间如阅览室、书库、办公空间等）和非可变空间（如垂直交通空间、设备服务空间及卫生间辅助空间），并把非可变空间置于可变空间之外；把物质构件分为不变的物质构件（如承重的结构件梁柱及剪力墙等）和可变的物质构件（如隔墙、门帘等），尽量减少不变的物质构件，增加可变的物质构件的应用，以创造尽可能大的开敞的弹性灵活空间，以适应各种使用功能变化的需要，使阅览区空间可大可小，开架书库也可多可少。同时，该图书馆设计也充分结合地形、方位，采取南向弧形的平面，创造了最大化的南向自然采光和自然通风的最佳条件。不仅使用灵活，而且减少了照明和空调的能耗，符合可持续发展的原则（图 1）。

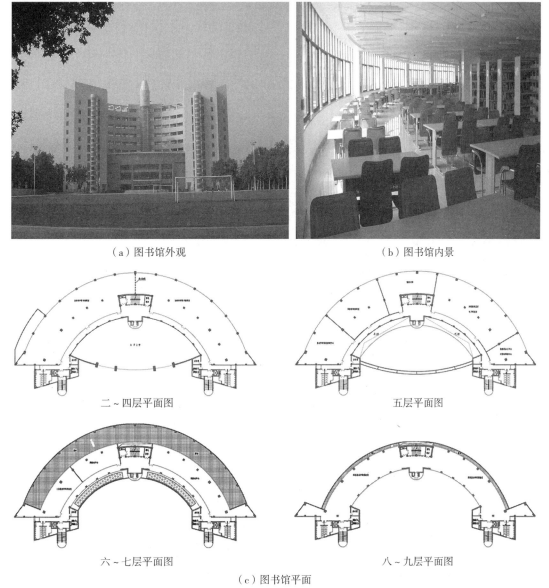

（a）图书馆外观　　　　　　　　　　　　　　（b）图书馆内景

二~四层平面图　　　　　　　　　　　　　　五层平面图

六~七层平面图　　　　　　　　　　　　　　八~九层平面图

（c）图书馆平面

图 1　西安火箭军工程技术大学图书馆

绿色校园作为一个独立的开放系统，自身就有一定的能量和物质材料输入和输出。因此，人们在设计、建造和使用时，不仅需要关注生态系统和地球资源利用的状况，同时，还应该关注建筑系统中诸多元素的开采、提炼、加工、储存、运输、装配、使用和最终废弃物所带来的耗费。这就要求建筑活动始终要保持建筑活动过程的开放性。

1.4　绿色校园的乡土性和地域性的特征

校园总是建造在一个特定的场地，是个"不动产"，它是永远与它所处的具体场地环境在一起。这就决定了它的地域性，它是特定地域的产物，反过来，它也成为构成该地域文化的一个重要组成部分。

俗话说，"一方水土一方人"，建筑也应是这样，"一方水土一方房"，所以它具有乡土性。人的生存生长是依赖于他所生活的地域大地，以乡土资源为生活资料，以适合于当地的地理环境、气候条件及物质条件来选择他们的生活方式，形成了当地的乡土文化、风俗、价值观和审美观。建筑的生成也是扎根于当地的自然环境和社会环境中，依赖于当地的材料（木、石、土、竹等），按照当地人的风俗和需要建造起来，造就了各地区不同的聚落形态，就像不同地区的人群，具有不同的形象和气质。绿色校园就是要扎根于当地地域环境。不同气候条件的地区，不同历史文化背景的地区，校园的空间形态应是迥然相异的。绿色校园不应该是千篇一律，不应是一个"模子"倒出来的。它的空间形态应该是反映当地气候与环境特征的产物，是理性逻辑的结果。

池州学院校区规划与设计就是依据上述思想进行规划设计的。它遵循建筑规划与设计要回归自然、回归地域，要创建一个"现代书院"和"徽派建筑"特色的现代绿色校园环境（图2）。

（a）书院式的教学区

（b）校园中心轴线上的外景

图2　池州学院

2　绿色校园设计价值观

人类经过从 20 世纪 60 年代至世纪末的半个世纪的深刻反思，从而寻求出了一个新的建筑方向——绿色建筑方向。它是为适应可持续发展目标的新的建筑方向，其设计观念、价值取向、设计原则和方法与以往建筑的常规设计是不一样的。绿色校园设计自然与以往的校园设计也是不相同的，它表现在价值观上的差异。

20 世纪 50 年代开始，我国就制定并实行了"适用、经济、在可能条件下注意美观"的建筑方针，适用、经济、美观成为评鉴建筑的价值观。半个多世纪过去了，时代发生了巨大的变化，可持续发展思想成为全球共识的发展战略。人们的观念也随之发生了很大的变化，就建筑而言，我们有以美学为基础的古典主义建筑观；之后，又有以功能、技术为基础的现代主义的建筑观；今天人们又提出了以自然环境、生态为基础的新世纪可持续发展的建筑观，也可称绿色建筑观。衡量建筑的价值不仅要符合"适用、经济、美观"，而且要评判它对生态环境的影响，即要确立建筑设计的"生态价值观"，要把生态价值观作为建筑规划设计首要遵循的原则，甚至可以实行"一票否决制"。因此，今天的建筑方针就是"适用、经济、绿色、美观"八字方针。

现代国际上很多国家都制定了绿色建筑评价标准，把环境生态要素作为设计过程中不可或缺的重要组成部分，这是设计史上重要的、意义深远的进步标志。1990 年英国发布了"英国建筑科研组织环境评价法（BREEAM）"；美国绿色建筑评估委员会制定了"能源与环境设计建筑评级体系（LEEDTM）"；2003 年日本推出了"CASBEE 体系"；德国制定了"LEE 标准"；我国作为一个负责任的大国，2006 年也制定了《绿色建筑评价标准》，它包括：节地与室外环境、节能与能源利用、节水与水资源利用、节材与材料资源利用、室内环境与运营管理及全生命周期综合性能等六类指标组成，并确定三星认证。因此，绿色校园设计也要对照《绿色建筑评价标准》进行规划与设计。

3　绿色校园设计

为了达到可持续发展的设计目标，适应现代教育理念的转变，绿色校园设计需要遵循以下原则。

3.1　以人为本，以学生为中心的人性化原则

21 世纪是以人为本的时代，教育自然应当全面体现以人为本的时代精神，现代教育强调以人为本，把重视人、理解人、尊重人、爱护人、提升和发展人的精神贯穿于教育及教学的全过程，也自然包括学校校园的建设。

现代教育是一种主体性教育，这个主体就是学生，在学校以人为本，就是要以学生为本。主体性理念的核心就是充分尊重每一位受教育者的主体地位，"教"要始终围绕"学"来展开，以最大限度地开启学生的内在潜力与学习动力，教育过程要从传统的以教师为中心转变为以学生为中心；从以课堂教学为中心转变为以实践为中心；从以教材为中心，转变为以活动为中心；倡导自主教育、快乐教育、成功教育和研究性教育等新型的教育模式。

21 世纪是知识经济时代，它是一个创新的时代。催生传统的知识性教育向创造力教育转变，

以开发和训练学生的创造力和才能为基础目标，同时，它也催生个性化的教育理念。因为丰富的个性发展是创造精神与创新能力的源泉，个性化理念在教育实践中首先要求创造和营造个性化的教育环境和氛围，搭建个性化的教育大平台，以为每一位学生个性的展示与发展提供相应的空间场所及相关条件。教育的主体化，主体的个性化，需求教育必然多样化，这样也必然要求校园建设要营建多样化的教育教学设施及相应的空间环境与教育场所，以促进每一位学生在德、智、体、美、劳等方面发展与完善，造就全面发展高素质的人才。

图3是为学生自主教育创造的多样化的交往空间。其中图3（a）是在教学楼内走廊一侧设立的交流空间，图3（b）为教学楼走廊两侧设置的学生交往空间。

（a）教学楼内走廊一侧设立的交流空间　　　　　（b）教学楼走廊两侧设置的学生交往空间

图3　教学楼内设置的交往空间

3.2　尊重环境，尊重自然的自然化原则

绿色校园规划设计，我们要记住老子所说，"人法地，地法天，天法道，道法自然。"所以我们绿色校园设计之道就是要"道法自然"，道法自然就是适应自然，顺应自然，结合自然进行设计，最终使人造的校园环境融于自然，走上"天人合一"之道。

古罗马《建筑十书》的作者维特鲁威曾提出，"对自然的模仿和研究应为建筑师最重要的追求……自然法则可导致建筑专业基本的美感。"这一条值得我们思考，我们应该向自然学习，在自然中寻求启示。美国现代主义建筑大师赖特也说，"有机建筑就是自然的建筑，房屋应当像植物一样，是地面上一个基本的和谐因素，从属于自然环境，从地里长出来，迎着太阳。"

自然化原则包括多方面含义：一是要尊重自然，尽可能少地破坏自然环境，"要轻轻地碰地球"；二是要顺应自然，因地制宜，扬长避短，结合自然，利用自然进行设计，利用自然环境中的有利条件，最大限度地利用自然资源，尽量减少人力、物力和能耗；顺应地形地貌及地质进行设计，以节约能耗，节省材料。

自然化原则也意味着校园设计要尽量根据特定地域的地理条件及气候特征，适应气候设计，创建最佳的自然采光和自然通风的空间环境。

安徽省池州市八中的规划设计就是根据这一原则进行的。这个校园坐落在一块未开垦的处女地——地形高低起伏成波浪形的丘陵地。一个长宽比近1：5的狭长地带，东西海拔高差30余米，南北高差在15m左右。遵循师法自然、尊重自然、顺应自然、利用自然和结合自然进行规划设计，并充分考虑建设过程中尽最大可能减少土石方的开挖和运输，"尽量少碰地球"，依山就势进行总体布局，构建了适应丘陵山地特色的绿色校园环境。根据地形特征，合理布置小学部、初中部及八中（高中部）的位置；合理设置八中的教学区、生活区及运动区的位置；巧妙处理了建筑物跨越不同高程地形的建筑物的设计；充分利用水往低处流而营造了水系景观；利用地形高差营建了台阶型的景观（图4）。

（a）校园鸟瞰图

（b）校园主入口

（c）校园中水景

（d）跨越等高线的教学楼设计

（e）结合地形的食堂设计

图4　安徽省池州市八中的规划设计

3.3 校园设计地域性原则

建筑地域性原则应是建筑设计普遍的原则。一些绿色校园设计一定要坚持地域性的原则，因为校园本来就是一个具体地区、地段的产物，它的建设都会受到当地地理、气候、地形、地貌、自然条件及自然资源的影响，也受到当地社会经济文化等发展状况的影响。

地域性原则就要求校园设计要针对当地的气候、场地的地形、地貌等自然条件进行设计，尽可能采用当地的地方材料和技术，并吸纳当地的文化要素和建筑因子来设计。这样的建筑能与当地的自然、经济与社会环境相适应，它是社会适应性、人文适应性和自然适应性的统一。坚持地域性设计原则，是符合可持续发展内涵要求的。

安徽省池州市六中（池州市杏花村中学）校园规划设计借鉴皖南传统村落形态，利用地势高低，把教学区和生活区分为若干个组图成簇布置于园林绿化之间，似如"村落"。教学区与生活区功能不一，面临的邻里环境不一，两区建筑物采用了完全不同的建筑形式。教学区面对革命烈士陵园及城市街道，采用了现代建筑形式，红屋顶大玻璃；生活区临近老住宅区，采用了皖南地区传统民居形式，灰屋顶、马头墙。二者形成鲜明的对比，可谓中西合璧，古为今用，寓意两组功能建筑源于不同的历史文化渊源（图5）。

（a）村庄式的总体布局

（b）教学区外观　　　　　　　　　　　　　（c）生活区外观

图5　池州六中（池州市杏花村中学）校园规划设计

3.4　校园设计开放性原则

　　校园具有长期使用的周期，在此期间，随着社会发展的变化，教育理念的更新，教育教学组织、教学模式、行为方式也会随之而变，特别是现代教育理念，提倡以人为本，以学生为中心，要求全面发展，强调素质教育，培养创新、创业复合型人才，重视主体性教育，传统的封闭式教育将被一种全方位开放式的新型教育所取代。因此，它必将对校园的建设提出相适应的要求，这些新概念对校园规划设计提出了新的挑战。传统的校园及其学校建筑设计都一直将其视为"终极性"产品，表现出鲜明的功能分区，固定的空间形态和固定的使用方式，这样就难以适应变化的要求，特别是实行个性化、多样化的教育理念后，师生的行为方式，教与学的行为方式都将随之更加多样化。针对这样的矛盾，校园规划与学校建筑设计就要改变以往的静态的、终极性的设计模式，以开放化的理念来规划新的校园和设计学校建筑，将它们规划和设计为一个弹性的空间系统，使它们具有一定的适应性和灵活性，使用者可以依据不同的时间、不同的教学活动和活动方式，不同的使用要求，在保持建筑结构体系不变的前提下，可以对它们进行空间组织再设计，灵活地调整使用空间，满足教学活动临时可变性和实现多样化的要求。例如：教室的平面设计，不仅要适应传统的老师讲、学生听的排排坐的上课式的布置方式，今后要更多地开展启发式、讨论式的自主教学，教室的布置可能是会议式的围合的课桌布置方式。而且，自主式的选择，每次上课人数也不一，规模就有大小，教室空间就要能适应这种变化的需要。因此，两个教室之间的分隔墙就不宜做成固定不变的，就可采用活动墙的方式；教学楼的外走廊也不一定都是一样宽，适当的地方做宽一些，提供给学生课间时交流之用。

　　也就是说，校园内的每一处空间都要赋予它一定的教育功能，从而将它变为一种特殊的教育空间，不论是室内空间还是室外空间，都应遵循这一原则。譬如教学楼中的内外走廊，它的传统功能是交通，而按照开放建筑的理念，就要求他们不仅具有交通功能，而且也要使它赋予一定的教育功能，如将它做成陈列展览带，或安排一些"凹室"，作为小型交流空间。池州学院采用"书院式"的合院设计，两幢南北向的教学楼围合成一个院落。院落就是个聚合空间，就成为课间学生自主教育、开展实践活动的空间；外走廊局部加宽，也为学生提供了课间休息的交谈空间，使它具有一定的教育功能而又不影响交通（图6）。

图6　池州学院合院式的教学楼

此外，也要为学生提供更多的室外活动空间。包括三三两两小规模的交流空间。池州八中在每两幢教学楼之间设计了大小不一的室外休息场地，结合绿化布置，形成多个小型的交往空间（图7）。

图7　池州八中室外交流空间

采用开放理念设计弹性的校园建筑就为可持续使用提供了保障，有利于延长建筑的使用周期，使建筑在既定的环境中有机地"变化""生长"。

3.5　集约化原则

每个新校区的建设都要消耗大量的物资资源和能源，建成后使用时也是如此，因此，校园的建设规划设计就要积极倡导集约化原则，具体说就是贯彻"3R"的原则，即：减量化原则（Reduce）、再利用原则（Reuse）和再循环原则（Recycle）。

减量化原则就是要尽可能减少资源和能源投入，以取得既定的建设要求，达到节约、高效的目标。建筑行业是人类对自然资源使用最多的行业之一，世界上建筑业要消耗全球40%左右的物资资源，消耗全球近50%的能量。因此，每一项建筑工程都应做到节约高效，校园建设更不例外。校园规划首先要节约土地，提高土地的有效使用率，采取紧凑的建筑布局，不要追求大广场、大马路；其次是要节约能源，多采用被动式设计，尽量采用自然采光和自然通风，合理选用建筑朝向，促进建筑系统低能耗运营；积极推广应用可再生能源，如太阳能、风能、地热和生物能等；引入新型材料、节能设备（节能照明灯具、变频空调等）和智能控制系统；尽量选用当地天然的或可再生的建筑材料，如木、竹、石材等；此外，就是要节材，节约物资材料，"以少变多"应成为我们设计追求的目标。同时，要注意节水，必须将节水工作作为设计的一个目标，认真设计。它包括雨水的蓄积与利用，回水利用，减少热水系统的无效冷水的浪费，选择材料生产时耗水少的建筑材料，采用干作业施工，种植耗水少的树木和草皮等。

池州学院校址内原有多处自然水池、水塘和水渠。我们规划时，都没有把它填埋，而是对它们保留、疏通，进行系统的规划，充分把它们利用起来，构筑成校园内的自然景观，利用它们把雨水收集起来，用于绿化和清洗路面（图8）。

图8　池州学院水系的整治与利用

3.6　生态、健康无害化原则

健康无害化原则在校园建设中特别重要。因为它直接关系着青少年一代的健康成长。无害化原则就意味着校园建设活动不应对地球生态环境造成危害，不应对校园环境造成危害。

校园建设首先要注意选址，不应该选择在有污染和有噪声源的地方。要选在向阳、避寒风地段；其次是慎重选择建筑材料，自然材料一般不会对人的健康产生不良影响，可以就地取材使用。人造材料如化工建材有的在施工和使用过程中会挥发出有害气体和物质，污染空气，影响人的健康，如PVC制品中散热出二辛酯或二丁酯增塑剂，人造板和胶粘剂挥发出甲醛，含铀的花岗石、辉绿岩会散发出氡气，矿棉纤维板和水泥石棉板分别会散发矿棉纤维和石棉纤维等，这些材料都不宜选用。

校园无害化的关键在于创建健康无害的室内外空间环境。空间环境无害关键是空气质量，空气质量不佳主要原因是一氧化碳（CO）、二氧化碳（CO_2）和甲醛（$HCHO$）等成分在空气中含量过高。此外，除了注意选材以外，室内空气流通不畅也是一个原因。因此，做好室内自然通风或机械通风就特别重要。

4 绿色校园设计策略

绿色校园设计不仅是设计和布置几幢建筑物，而应把它当作一个社会、经济与生态环境复合系统的设计，根据当地的自然环境、社会环境和经济环境来设计。因此，提出下列设计策略，以适应可持续的绿色校园的设计目标。

4.1 生态环境分析策略

设计时首先必须确立环境意识，对该地域、该场地的气候条件、场地周边环境生态系统进行调研，在充分认知的基础上，进行综合分析，充分利用自然条件的有利因素，避开不利因素，因地制宜确立设计思路，进行规划与设计。

首先要保护自然，保护自然的有利要素，如水系、植被、树木、景观亭，尽量少破坏地形、地貌；在保护的前提下，充分利用自然的有利生态要素，如阳光、自然气流、水系及现有的景观等，并且要结合自然设计，如结合基地的自然地形、地貌及地质情况进行设计，也可以模仿自然进行设计，即设计成仿生建筑，如树形结构、蜂巢式建筑都属于此例。

对于自然环境和自然资源不利的因素，就采用"防御自然"的方法，如遮阳体系、隔热体系及近代的"双墙结构""两层皮"的建筑。

4.2 地域分析设计策略

"地域"是一个内涵丰富的概念。影响建筑设计最基本的地域因素有两个，即地域的自然因素和地域的社会因素，上一子节谈的是自然因素，此处着重讲的是地域的社会因素，在规划设计时必须考虑地域社会因素的影响，它包括该地域的社会、经济、文化、历史、技术等因素。

地域文化是一定区域内人类社会活动所创造的物质财富和精神财富的总和，它包括本地的风情习俗、宗教、信仰，民族个性及审美爱好等，并且与地理环境、气候条件等自然生态要素有着内在联系，它们反映在建筑的形态上有着自己的特色。校园规划与设计同地域文化结合的思维在于发挥地域文化特征性要素，将其化为建筑空间的组织原则及独特的表现形式，使建筑在演进过程中保持地域文化上的特征性和连续性，实现建筑与环境在社会文化层次上的和谐统一。

地域文化也包括地域技术因素。地域技术是在特定的地域气候和地区的自然环境中经过历代人的探索和反复实践而逐渐形成的适应当地自然环境并融于当地自然的建筑营造方法，同时也是不断吸取外来文化影响。因此，在新的校园建设中可以借鉴和应用当地的建筑技术，这样，新校园建设就与当地社会发展状况和生产力水平相适应。

池州学院教学区就采用皖南传统"书院式"的院落空间布局，整个校园布局采用安徽"村落式"布局，建筑造型采用徽派建筑形式，都是基于地域分析策略而进行的设计（图9）。

4.3 能源分析设计策略

进行绿色校园设计时，如何充分节省能源，如何利用可再生能源是设计者首先要思考的一个重要问题，因为它不仅关系到能源的消耗，而且也直接影响总体的建筑空间布局及建筑单体设计。

（a）校园教学区主景

（b）合院式的教学楼外观

（c）内院

图 9 池州学院教学区

　　首先在设计时，要充分利用太阳（辐射）能。太阳能在建筑中的应用主要包括采光、采暖、降温、干燥以及提供生产生活热水等。太阳能的利用主要是通过对建筑朝向和周围环境的合理布置及建筑单体的设计，以及合理地选用建筑材料和构造方式，使建筑物在冬季能获取、保持、贮存、分布太阳热能，从而解决建筑采暖问题；同时在夏天又能遮蔽太阳辐射，散逸室内热量，从而达到建筑降温的目的。

　　采用能源分析设计策略就要求设计者在设计前期场地规划阶段，要了解当地的气候、地质、土壤及水温等情况。以期在规划中因地制宜设计好道路的走向、建筑物的体形、建筑布局、建筑朝向及植被的配置等，争取最佳的受益于太阳。一般规划应以较多的东西向道路作为交通道路，以获得较多的南北向的建筑布局，使整体能源使用量降低，使人生活更舒适。

　　能源分析设计策略不是简单地选用一些节能设备，而是要通过建筑布局、空间组织、构造设计及建筑材料的选用达到的。利用可再生的太阳能，不仅可用于采暖，而且通过合理的设计达到建筑物降温除热的要求，这就是通过组织好自然通风和采用植被的手段除去室内的热量。也可在建筑内设计一个中庭，利用中庭热空气上升的拔风效应，使中庭四周的空间获得较好的自然通风。

图片来源

　　图片来源于建学建筑与工程设计所有限公司江苏分公司。

◇ 形式跟随气候的绿色学校设计

于天赤

摘　要：通过气候对人、建筑影响的分析，提出适应气候的绿色学校设计方法，并在实际案例的应用中，取得方便易行的绿色建筑设计的实施策略，值得推广。

关键词：形式跟随气候，绿、荫、透、水、材、能

美国未来学家阿尔文·托福勒在《第三次浪潮》一书中将人类的生活划分为三个时代，即：农业时代，工业时代，信息时代，并对这三个时代的生活、生产情况进行描述，进而展望未来。对应他对这三个时代的划分，建筑形式与理念也呈现出各个时代的鲜明特色。

农业时代，广大先民通过不断地"试错"，建造因地制宜、适应环境的民居建筑，这类建筑对环境影响小，基本解决了避风避雨的功能，这时期的建筑表现为"形式跟随生存"。

工业时代，人们解决了电力、排水及垂直运输问题，建筑形式发生了重大变化，空调技术的发明，大大地改善了建筑的舒适度，人们可以在建筑中创造出四季如春的自然环境。国际式打破了地域的藩篱，现代主义建筑师提出一个响亮的口号："形式跟随功能"。

信息时代，人类开始成为地球的主宰，人们发现人类的生活、生产方式已让我们的星球变暖，这样发展下去，我们的家园将不复存在。人们开始反思，各行各业都开始检讨他们的行为对环境的影响。由于建筑业的碳排放量占到全球总量的 30%~40%，有识之士提出绿色建筑的概念，关注气候对我们的生活方式、建造方式的影响，提出"形式跟随气候"的绿色设计理念。

建筑是自然气候的调节器，这种调节系统可能产生必要的建筑用能，也可能不产生建筑用能。对"能效"的追逐首先应置于用能必要性的前提下，不用能和少用能是上策。"形式跟随气候的设计"就是通过利用和调节，形成既符合人的舒适需求，又利于建筑与自然良性关系的一种建筑方式。

1　气候对人、建筑的影响

1.1　气候的绝对性、可变性及相对性

1.1.1　绝对性

由于地球的纬度及地貌的不同，自然会显现不同的气候特征。中国就划分出严寒地区、寒冷地区、温和地区、夏热冬冷地区、夏热冬暖地区五个不同的气候区，每个气候区的气候特征是相对固定的。

1.1.2　可变性

同样的气候区，一年四季、一天 24 小时气候情况也不相同。以广东为例，一年有 200 多天是 27℃以上的"夏季"。大约有 40 天是 10℃左右的"冬季"，其余时段是相对舒服的过渡季。而一天中，早晚凉爽，中午、下午炎热，体感不舒服。针对这样的气候特点，广东人的夜生活比较多。

1.1.3　相对性

本地人与外地人对所在气候区的气候敏感反应各不相同。本地人由于长期生活在当地的气候条件下，适应了气候，因此对气候的敏感度差。而从另一个气候区来的外地人，进入到一个新的气候区，立刻会感到不适应，他们的气候敏感度高。夏天，北方人到南方来不适应湿热，冬天，南方人到北方去不适应干冷，都是这个道理。

1.2　建筑功能与气候的关系

1.2.1　使用功能与气候敏感度的关系

依照建筑物的使用情况，我们可将建筑划分为公共建筑和居住建筑两大类型。传统居住类建筑民居中，大都是依据当地气候、自然环境而筑，体现出明显的地域气候特征，我们将其称之为"气候高敏感型建筑"。而属于公共建筑的宫殿、寺庙等更多的是强调庄严与精神方面的功能，气候特征对建筑形式的影响相对要小，我们称之为"气候低敏感型建筑"。在现代建筑中，虽然空调的普及以及建筑技术日益完善，但同样存在这样的气候敏感关系。比如北京的住宅与深圳的住宅在形式上存在明显的差异，而公共建筑类的酒店、办公楼、商业综合体等，在建筑形式上则基本相同。

1.2.2　使用人群与气候敏感建筑的关系

面向本地人或在一段时间内使用人群相对固定的建筑，大都为气候高敏感型建筑（如住宅、学校等）。

面向流动人群，使用时间随意、多变的建筑多为气候低敏感型建筑（如办公、商务酒店等）。

1.2.3　气候敏感与建筑高度关系

建筑与气候的关系还受到建筑高度的影响。建筑物在 50m 以下，对气候的敏感度极高，到了 100m 是个临界值，超过 100m 的建筑不仅是消防等级发生了变化，而且由于建筑外部气候发生了变化，建筑由开放变为封闭，建筑对气候的敏感度开始降低。

绿色建筑理论是源于全球宏观环境、气候变化而提出的，但在绿色建筑的具体实施中，更应该着眼于具体的区域气候环境、使用人群、建筑的使用功能、建筑物的高度等问题，具体分析、考量，确定绿色建筑的具体实施措施、方法，也即形式跟随气候的绿色设计具有多维度的含义。

2　形式跟随气候的绿色学校设计

从前面的分析可以看到，学校类建筑面向的对象为本地人及较长时间固定使用的人群，学校建筑基本为多层建筑，由此看来，学校建筑属于气候高敏感型建筑。从气候的可变性来看，由于学校在极端气候时段会放寒暑假，所以学校建筑所面对的气候问题是该气候区主要气候及过渡季气候问题。

2.1 形式跟随气候的学校设计

学校设计首先要考虑不同地域的气候特征，采用适应气候的建筑布局、空间形式及建造措施；其次是采用合理的建筑技术进行补充、调节、完善气候的不利影响；最后是应用可再生能源技术。

2.2 深圳的气候特征为"热、湿、闷"

2.2.1 热

这里全年平均气温为21℃左右，平均气温超27℃的夏季时间超过200天，早晚温差小。太阳直晒的辐射温度很高。西、东侧的日晒严重，是建筑的不利朝向。

2.2.2 湿

年降雨量大，而且空气湿度大，梅雨季节空气湿度可以达到98%，这时候一二层及地下室室内地面会反潮，这是湿气下沉、空气不流动造成的。

2.2.3 闷

除台风季外，其他季节基本无风，空气流动缓慢。

《绿色建筑评价标准》GB/T 50378—2019重新定义了绿色建筑，提出以人为本、高效能、可感知的绿色建筑，加强了建筑专业主导性，增加了建筑设计的权重。这使得绿色建筑从绿色技术向绿色设计转变。我们基于对岭南地区传统建筑方法的总结，结合《绿色建筑评价标准》，提出了我们的绿色校园设计方法：绿、荫、透、水、材、能。

3 设计案例：深圳市坪山区汤坑第一工业区配套小学（图1）

该项目占地10799.71m²，总建筑面积43070m²，地上6层，地下2层，建筑容积率3.3。设计目标是新国标国家二星级绿色建筑。

在如此高强度条件下做到高星级的绿色建筑，同时还要兼顾场地内及周边的各种问题，这对我们来说是一项巨大的挑战。由于我们采用了"形式跟随气候"的设计方法，很好地解决了设计中的种种问题，现在该项目已开工建设。

图1 汤坑学校

3.1 绿：庭园、热岛

这个项目的设计主题是"客家书园"，意在校园中创造多个庭园，因此在学校的屋顶、平台、架空层、地下室设置多层次、不同功能的树园、植物园、绿地、花园等，降低建筑层面温度、热岛效应，降低室内温度，改善室内环境（图2、图3）。

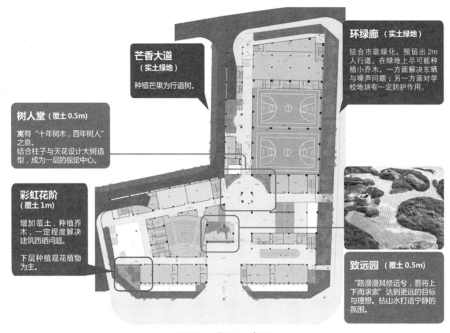

芒香大道（实土绿地）
种植芒果为行道树。

环绿廊（实土绿地）
结合市政绿化，预留出2m人行道，在绿地上尽可能种植小乔木，一方面解决东晒与噪声问题；另一方面对学校地块有一定防护作用。

树人堂（覆土0.5m）
寓有"十年树木，百年树人"之意。
结合柱子与天花设计大树造型，成为一层的视觉中心。

彩虹花阶（覆土1m）
增加覆土，种植乔木，一定程度解决建筑西晒问题。
下层种植观花植物为主。

致远园（覆土0.5m）
"路漫漫其修远兮，吾将上下而求索"达到更远的目标与理想。枯山水打造宁静的氛围。

图2 花园、庭园

图3 溢彩童年效果图

3.2 荫：朝向、遮阳

教学用房均为南北朝向，并结合"书架"的造型，设计了水平遮阳，保证了教室的光环境，同时也解决了空调室外机安放问题；东西朝向设实墙，阻挡东西日晒；宿舍虽然有东西朝向，均设计了阳台及挑檐，达到了遮阳的作用。城市道路一侧出挑的运动场，为城市提供了遮荫、避雨的人行公共空间（图4、图5、图6、图7）。

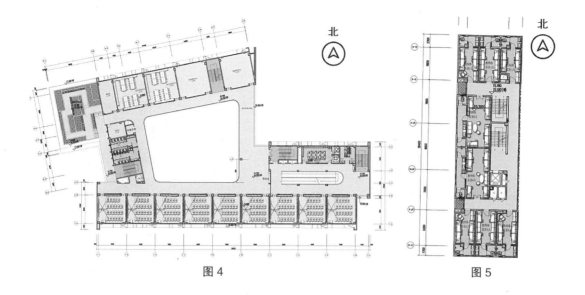

图 4   图 5

结合"书架"的造型，设计了水平遮阳，保证了教室的
光环境，同时也解决了空调室外机安装问题

图 6

运动场底板东侧为城市道路提供了遮荫、避雨的公共空间

图 7

3.3　透：采光、通风

　　将运动场抬高 2 层，1、2 层布置为非主要教学空间及架空活动空间，保证通风流畅，通过风模拟，在通风不够流畅的部位设置空调及慢速风扇。教学楼前后错位布置，可以将南向吹来的风引入，改善室内环境，在建筑中设采光井及下沉广场，将光线引到地下室。保证整个学校室内环境健康明亮（图 8、图 9、图 10）。

3.4　水：节水、渗透

　　所有卫生间器具均采用一级节水器具，植物浇灌用水采用雨水收集后再利用，在每层教学楼均设计直饮水系统，保证学生用水安全。在地面及地下室的绿化设计中，设置了凹式绿地，缓解降水对城市的冲击，达到海绵城市的要求（图 11、图 12）。

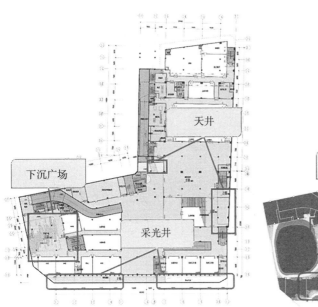
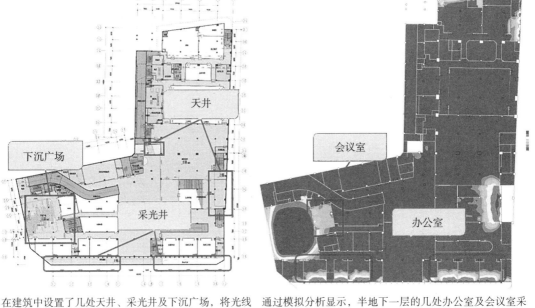

在建筑中设置了几处天井、采光井及下沉广场，将光线引到地下室，极大地改善了地下采光环境

图 8

通过模拟分析显示，半地下一层的几处办公室及会议室采光情况良好

图 9

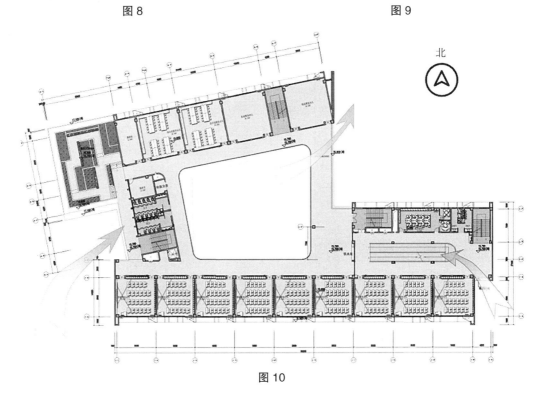

图 10

3.5 材：本地、高效

所有建筑材料均采用深圳本地及周边地区材料，室内设计采用工厂订制、装配式施工，部分结构大空间采用型钢混凝土体系，提高强度满足使用要求（图 13、图 14）。

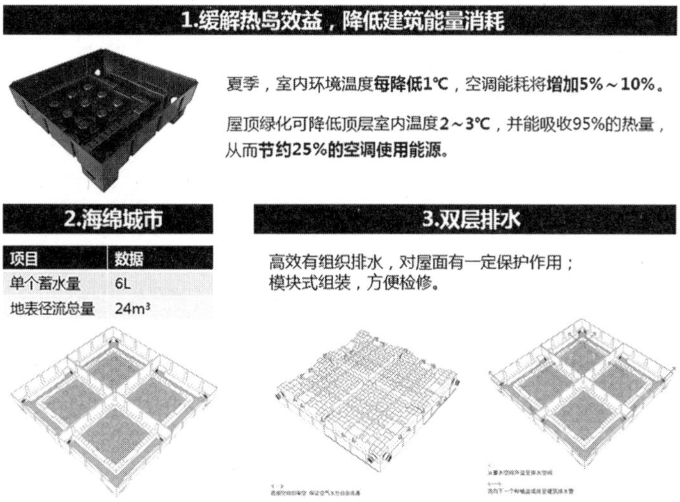

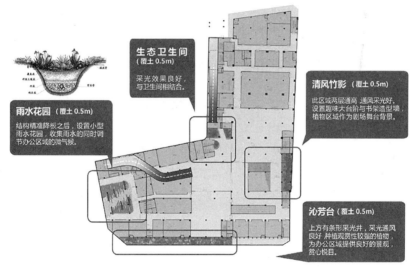

所有卫生器具均采用一级节水器具，植物浇灌用水采用雨水收集后再利用，并采用微喷灌的节水灌溉形式

图 11

地面设置下凹式绿地、半地下一层设置雨水花园，降低雨水对城市的冲击，达到海绵城市的要求

图 12

3.6　能：低能耗、可再生

所有灯具均采用节能灯具，在设计、施工、运营阶段采用全过程 BIM 设计，以达到智能管理的目标，由于地下室有采光、通风井，很多空间白天可以不开灯，少用空调，这样可以大大地降低能耗。宿舍采用太阳能光热系统。

这些适应气候的绿色设计方法，通过在设计过程中的绿建模拟配合，使得该项目在完成设计之后，很容易就到了 78 分，达到了国家二星级绿色建筑的目标。

形式跟随气候的绿色学校设计，是一种创新的思考模式，它不仅可以满足绿色建筑的标准，同时可以创造出健康的室内空间，可以构成新的建筑语言，创造出新的建筑形象。

形式跟随气候的设计，是我们这个时代的强音！

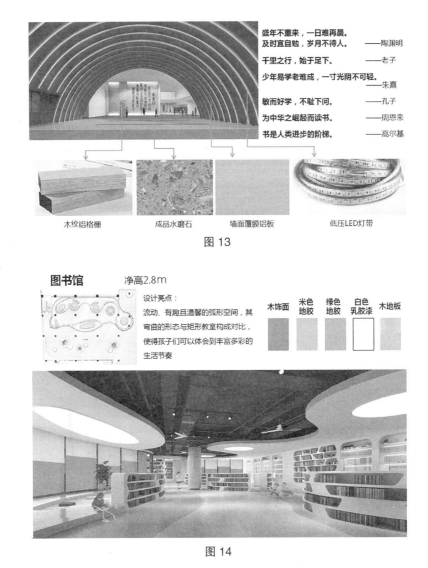

图 13

图 14

参考文献

[1] （美）阿尔文·托夫勒.第三次浪潮（The Third wave）[M]. 朱志焱，潘琪，张焱（译），北京：生活·读者·新知三联书店出版，1983.3.

[2] 韩冬青,顾震弘,吴国栋.以空间形态为核心的公共建筑气候适应性设计方法研究 [J].建筑学报，2019，4：78-84.

图片来源

图片来源于方案团队设计制作。

3 ◇ 在规范制约下的中小学设计创新实践

于天赤

摘　要：学校建筑设计创新应该在了解教育规律、学懂学校设计规范的前提下进行，在此基础上探索学校建筑设计的创新才是可实施、有意义的。
关键词：教育规律，学校规范，设计创新

设计创新是每个建筑人的理想与目标。为了创新"心甘情愿"地去加班、熬夜、改图，但结果常常是"理想很丰满，现实很骨感"。或是方案没被选中，或是设计被甲方改得面目全非，或是在建成使用后被改得"惨不忍睹"。这些是每位建筑人在创新过程中或多或少遇到的经历。虽然我们不抱怨、不屈服、不忘初心、砥砺前行，但是我们也应该想一想，我们满腔热情的创新却不被接受，这其中的原因是什么？有没有我们在创新中忽视的问题呢？

清华大学建筑学院关肇业院士曾提出："建筑慎言创新，保守主义大家都觉得是糟糕的，但我觉得它是有一个特别强大的逻辑的。因为'创新'往往都是用来试错的乌托邦。也因此，往往都具有巨大的破坏性力量，使用这种力量时必须慎之又慎。"关院士的话指出了创新与试错的关系问题，试错所带来的破坏性，或是让人不敢接受创新或是违背了社会发展的规律，所以创新绝不是简单的"灵光一闪"。

其实"创新"的这种试错一直伴随着人类的发展与进步的，英国经济学家蒂姆·哈福德（Tim Harford）在《试错力：创新如何从无到有》一书中，提出"试错"的本质是"适者生存，不适者改进"。由此看来，各地的民居其实就是在经历不断地试错来一步步完善，成为适应环境、因地制宜的建筑，这也是不断创新的结果。"新"可以是老问题，找到了新的解决方法；可以是解决了新出现的问题；也可以是新材料、新技术的应用。

创新与试错的相互纠缠，真是剪不断理还乱。时代需要创新，更希望少试错。其实减少失败的创新，也是有规律与方法的。就中小学校设计而言，一是：了解教育规律；二是：学懂学校规范。在此基础上创新才是有的放矢。

1　了解教育规律

一方面分为教育体制和教学方法。高考、升学考试这样的选拔制是现今最受争议，但也是最公平的教育体制，这是短时间难以改变的，那么在应试教育的"指挥棒"下，教学方法也必定会围绕教育体制而制定，这就要求学校建筑要适应这样的教育体制，保证教学质量，提高升学率，我们将完成这样教学任务的空间称之为"教"的空间。

另一方面教育也在改革，希望增强学生素质能力，拓展学生的认知能力，帮助学生更好地了解社会，培养全面发展的健康人才。我们将完成素质教育任务的空间称之为"学"的空间。

1.1 "教"的空间

"教"的空间是以普通教室、专业教室（物理、化学、科学等）为主的主要教学用房，这些空间的特点是：均好性、高效性、规范性，老师通过"教"来向学生传授知识。

1.1.1 均好性

要求在采光、通风、朝向、房间尺寸、环境影响等各方面都良好，为学生提供安全、舒适无差别的学习环境。

1.1.2 高效性

由于这些教室占据的是学校建筑中的"优质资源空间"，同时还要满足教学配置、教学管理，简洁、高效让资源最大化、管理最优化是这类空间的特点（图1）。

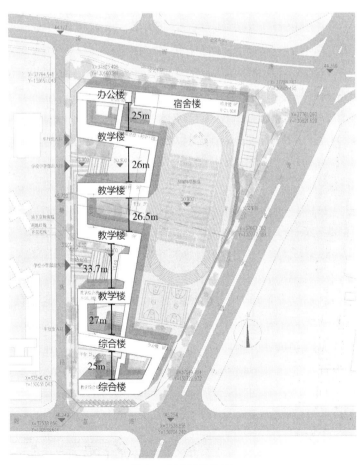

图1 龙飞学校总图

1.1.3　规范性

学生的安全、教学的质量都与现行的各种规范要求息息相关，满足规范是前提，也是保障。

这部分空间可能会表现为整齐划一，多为板式布置。"单调、呆板"是使用功能制约的后果，也是学校建筑特殊的形式、特点。

1.2　"学"的空间

"学"的空间主要是图书馆、体育馆、报告厅、部分专业教室（音乐、舞蹈、美术等）、架空层等非主要教学空间，这些空间的特点是：可变性、趣味性、多样性，让学生在这里通过"学"来认识、掌握知识。

1.2.1　可变性

这些空间不只是提供单一功能，而是依照教学内容可以改变空间形式，如图书馆中可以设灵活可变的阅读空间，专业教室可以多功能布置，架空层可以提供更多的体验空间等（图2）。

图2　汤坑学校一层树人园

1.2.2　趣味性

由于这部分空间是为学生提供体验的空间，应有吸引人的形式、易于接受的风格，让学生乐于参与，融乐于学（图3）。

1.2.3　多样性

在这些功能空间的功能与性格刻画上，要形成"高识别"个性，在不同的空间创造不同的氛围，为学生营造乐学的环境。

这部分空间形式相对来说是灵活、多彩的，是学校建筑中活跃的、可以灵活发挥的部分。

现在学校越来越大、越来越复合，把握好"教"与"学"的空间关系，合理地处理好相互联系，是学校设计的一个重要原则。

图 3　汤坑学校图书馆

2　学懂规范、设计创新

《中小学校设计规范》GB 50099—2011 是在《中小学校建筑设计规范》GBJ 99—86 基础上修编而成,这本规范由于其严谨、严肃性在 2013 年获得住房城乡建设部"华夏建设科学技术奖"三等奖。这是一本以教育制度为依据,以医学测定、科学研究为基础,符合青少年身体特性的,以安全、适用、经济、绿色、美观为原则的设计规范。理解规范及条文说明中的医学、科学原理,再进行有的放矢的创新,才能做到真正的学校设计创新。

在《中小学校设计规范》GB 50099(以下简称《规范》)中有 4 个重点问题及 1 个新问题是我们在设计中应该认真去理解把握的,这也是学校设计可以有创新的地方。

2.1　本质安全(《规范》2.0.9 条)

《规范》2.0.9 条:本质安全是从内在赋予系统安全的属性,由于去除各种早期危险及潜在隐患,从而能保证系统与设施可靠运行。

条文说明中提到,本质安全是从根源上预先避免建筑内外环境及设备、设施等全部可能发生的潜在危险,这是本质安全与传统安全最重要的区别。本质安全型的建筑不仅内在系统不易发生事故,还具有在灾害中自主调节、自我保护能力。学校设计中的安全性是重中之重。

设计创新——采用火灾自动报警及自动喷淋系统

现在学校的建设用地日益紧张,学校的功能、内容越来越多,而使得学校建筑向立体化发展。设地下车库、运动场高抬、教学空间"上天入地",各种功能空间应有尽有,现在的学校就是一座

"城市综合体"。在这样的建筑中消防安全是重中之重，虽然学校建筑多为多层建筑，按照《规范》地上部分可以不设自动喷淋系统。但是如果从"学校综合体"的复杂程度以及地下车库（其中有30%是充电车位）的火灾危险情况来看，现在学校的火灾安全隐患是非常高的，中小学生属于安全意识薄弱的群体，在对标准规范中关于本质安全的理解，我们在学校设计中创新地全部采用火灾自动报警及自动喷淋系统，提高学校的灾害自救能力，提高安全等级，保证本质安全（图4）。

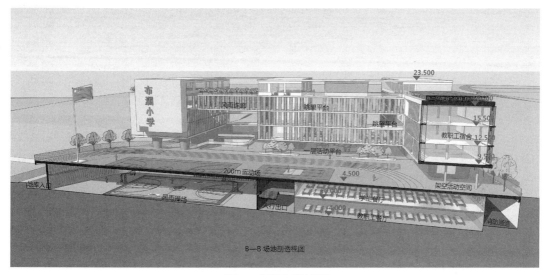

图4　布澜小学剖面

2.2　主要教学用房的设置（《规范》4.3.2 条）

《规范》4.3.2 条：各类小学的主要用房不应该在四层以上，各类中学的主要用房不应该在五层以上。

条文说明：经医学测定，当学生在课间操和体育课结束后，利用短暂的几分钟上楼并立刻进入下一节课的学习时，4 层（小学生）和 5 层（中学生）是疲劳感转折点。超过这个转折点，在下一节课开始的 5~15min 内，心脏和呼吸的变化会使注意力难以集中，影响教学效果。

中小学校是自救能力较差的人员的密集场所，建筑层数不宜过多。

从条文说明中可以看到第一个关键词，课间操和体育课之后上到 4 层（小学生）、5 层（中学生）会影响到学生上课的注意力。第二个关键词是，建筑层数不宜过多。因此可以这样来理解这一条文：学校建筑以多层为宜，并没有强调 4 层（小学生）、5 层（中学生）这一绝对层数的概念。课间活动场地、运动场到教室的高度不超过 4 层（小学生）、5 层（中学生），这个问题是目前大家争议最大的问题，为此我们曾写咨询意见给规范编制组，他们同意我们对这条规范的理解。

设计创新——运动场抬高及坡道系统使用

（1）在小学设计中，可以将运动场抬高 2 层，普通教室放到 4~6 层，这样可以满足课间操和体育课之后上到不超过 4 层（小学生），大大地提高了学校建筑的容积率（图5）。

（2）由于建筑层数抬高了势必会增加学生上下楼的困难以及安全疏散的问题，而且学校的电梯原则上不允许学生使用，而且现在很多学生是拉着拉杆箱式书包上学。为此我们在学校中设计了坡道系统，就很好地解决上述问题，深受学校的欢迎（图6）。

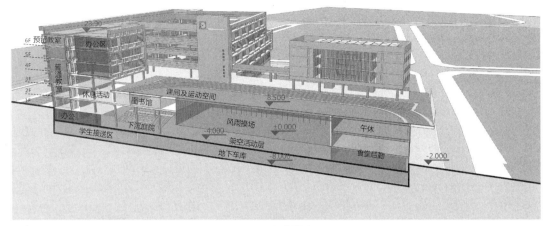

图 5　汤坑学校剖面

图 6　汤坑学校坡道

2.3　体育用地的设置（《规范》4.3.6 条）

《规范》4.3.6 条第 2 款中，室外田径场及足球、篮球、排球等各种球类场地的长轴宜南北地布置。长轴南偏东宜小于 20°，南偏西宜小于 10°。

条文说明：当太阳高度角较低时，每场有一方必须面对太阳投射或面对太阳接球，极易发生伤害事故，故校运动场的长轴南北地布置。一般学校早晨第一节课不安排体育课，所以南偏东的限制较松；下午课外活动时，如当天体育课的学生都集中在操场上锻炼，人数多，所以对南偏西的限制更严格。

在这个条文中有两个关键点：一是球类运动是两队分边，如果东西向布置势必有一边会受到太阳照射的影响，但跑步不受影响，学生可以选择出发的方向；二是上午体育课多设在第二节课之后，下午到运动场活动的人多，故而南偏西比南偏东更严格一些。运动场在中小学校中占有1/3甚至1/2的用地，运动场的布置决定着整个学校设计的成功与失败。一方面要提高运动场效率向立体化发展，另一方面要减少运动场对教学用房（25m噪声距离）影响。

设计创新——抬高或部分抬高、遮挡运动场

（1）抬高运动场：将整个运动场抬高1~2层，在运动场下部设置风雨操场、游泳池、架空活动空间。这里是"动"的空间、"学"的空间（图7）。

图7 千林山学校

（2）将运动场中间足球场抬高，下部设风雨操场、篮球场，增加运动空间（图8）。

（3）遮挡运动场：由于教学楼与运动场平行距离不足25m，在运动场上部挑篷遮挡噪声，以满足规范要求（图9）。

2.4 教室外窗与教室、运动场距离（《规范》4.3.7 条）

《规范》4.3.7 条：各类教室的外窗与相对的教学用房或室外运动场地边缘间的距离不应小于25m。

条文说明：在开窗的情况下，教室内朗读和歌唱声传至室外1m处的噪声级约80dB，上体育课时，体育场地边缘处噪声级约70~80dB，根据测定声音在空气中自然衰减的计算，教室窗与校园内噪声源的距离为25m时，教室内的噪声不超过5dB。

图 8　埔夏小学

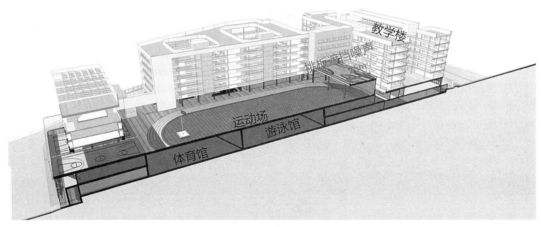

图 9　木棉湾学校

噪声是以波的形式扩散传播，所以教室之间的距离是以窗户的最外缘为圆心来计算的。

而教室与运动场之间隔着跑道（10m 左右），同时垂直的山墙可以阻挡声波的传播，故垂直运动场可以不退 25m（图 10）。

理解噪声影响的原理，通过采用对声波阻隔的方式，进行设计创新。

设计创新——叠合教室、非教学用房阻隔噪声

（1）叠合教室

传统教室布置多以"板式""线性"布置为主，通过合理组合教室，规避噪声影响，达到"减少高宽，加大进深，节约土地"的目的（图 11）。

（2）阻挡噪声

在面对噪声影响的一侧设置教室办公、楼梯间等非教学用房阻隔噪声，满足教学要求。

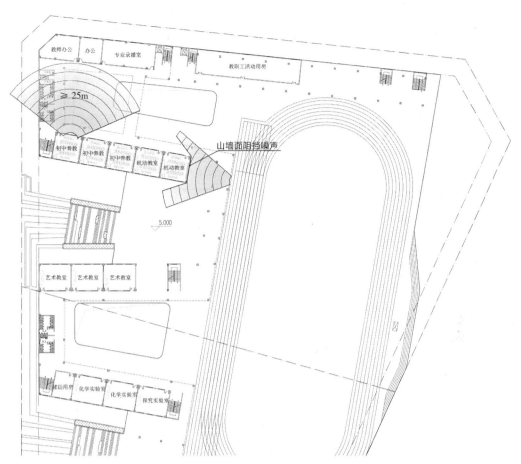

图 10 龙飞学校平面图

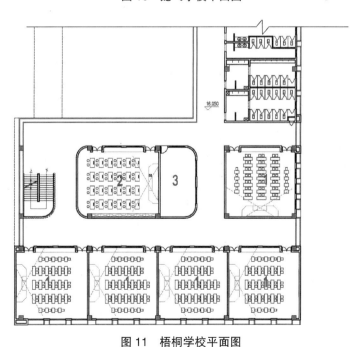

图 11 梧桐学校平面图
1—普通教室；2—专用教室；3—准备室、教室办公

2.5 人车分流与学生接送中心

除了传统问题之外，现在学校设计中也出现一个新问题，那就是停车疏导与学生接送问题。

现在的学校规模越来越大，54 个班、72 个班甚至 108 个班，学生越来越多，深圳市要求按照教师人数 100% 设置停车位，因此每天上下学有几百辆车在学校出入，一方面对城市道路带来"潮汐"式的交通阻力；另一方面在学校内部也会影响学生的安全。如何疏导城市交通、减少交通问题，这是学校设计中的新问题。

设计创新——人车分流、设置学生接送中心

（1）人车分流

1）在城市不同的道路上设置人、车行出入口（车行尽量做到右进右出），保证人、车互不干扰（图 12 ）。

如有困难，则人、车出入口让开一定的安全距离（图 13 ）。

2）借鉴城市交通枢纽的方法立体地设置人车流线（图 14 ）。

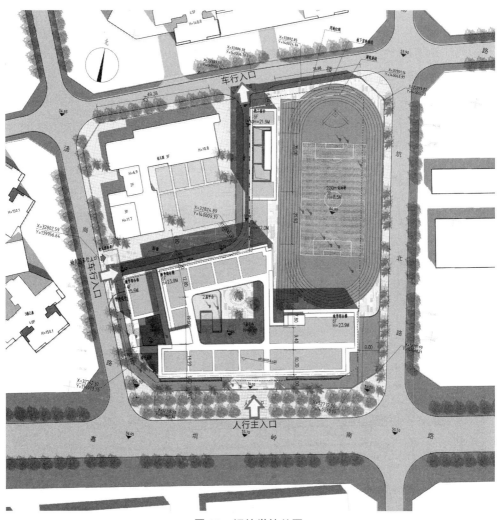

图 12　汤坑学校总图

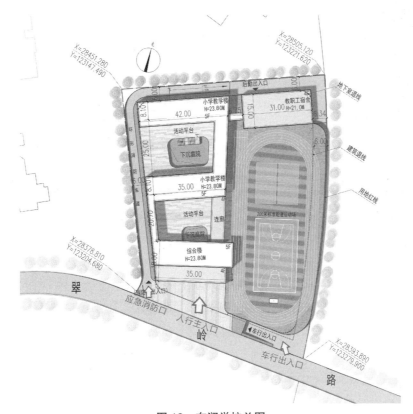

图13 布澜学校总图

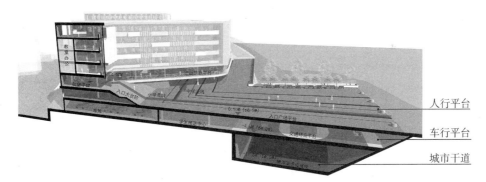

图14 黄阁北学校立体交通平台

（2）学生接送中心

1）在校外设置学生接送中心，设临时停车区、接送区、安全闸口等（图15）。

2）在地下室设置学生接送中心，设临时停车区、接送区、安全闸口等（图16）。

3）学生接送中心属"校外区域"，一方面要注意对进入学校车辆的监管（可以采用智能车牌识别系统），纳入学校智能化管理系统中；另一方面要与教师车辆停放有所分离，尽量减少在相同时间段使用时的冲突。

通过与教育管理部门、学校使用方的交流、学习，深入了解教育的规律与方法；通过研究规范的原理，了解其中的医学、科学道理；从规范的本原出发，灵活地、创造性地满足教学需求，解决规范中要解决的问题，以达到高效利用土地、保证学生安全、提高教学水平的目的。在此基础上去大胆探索、积极实践，这样的创新才可能会被各方接受，才是有意义的。

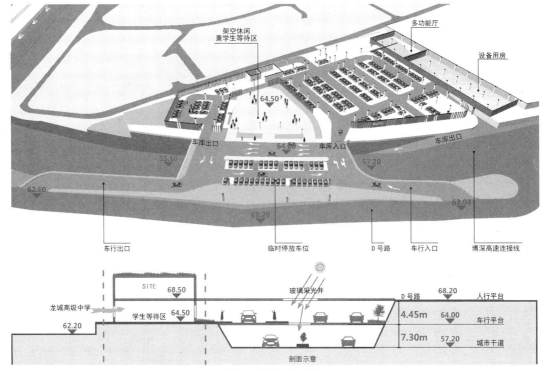

图 15　黄阁北学校交通措施剖面图

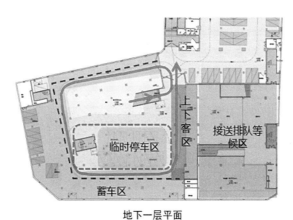

地下一层平面

图 16　汤坑学校一层平面图

参考文献

[1]（英）蒂姆·哈福德.试错力创新如何从无到有 [M].冷迪（译），杭州：浙江人民出版社，2018.
[2] 黄汇.建院和我（8）.北京市建筑设计研究院有限公司.

图片来源

所有图片均来自于方案团队设计制作。

4

◇ # 当前中小学绿色校园规划设计策略分析

崔晓刚

摘　要： 自 2013 年，我国颁布《绿色校园评价标准》CSUS/GBC 04—2013、《绿色建筑评价标准》GB/T 50378—2014 以来，经过这些年的设计实践发展，绿色校园已经由最初的"四节一环保"理念，逐步发展为：建筑高质量，注重"以人为本"的舒适性，体现教育为本，体现对人的关怀。这也是即将实施的《绿色建筑评价标准》GB/T 50378—2019（以下简称"新标"）所体现的重要思想改变。因此在这个时候，我们展开对新形势下，绿色校园规划设计的策略研究就显得非常有意义了。

关键词： 土地利用率，校园综合体，绿容率，人车分流，地域化，建筑产业化

当下中小学绿色校园的总体规划设计策略

可持续发展是当今社会各行各业发展的主题，绿色、节能、低碳是基本需求。教育建筑作为重要的"政府性投资项目"，自然而然就成为推行可持续发展理念的重要载体，推进中小学绿色校园建设，也将大大有利于加快整个社会的绿色建筑理念发展的进程。基于绿色校园的总体规划设计时，应基于在城市大环境下的校园基地所在地的气候环境与地理环境，通过对场地"风、光、热、声"的综合环境的模拟分析，结合建筑功能，形成校园总体规划设计策略。在新的绿色建筑评价体系下，土地利用率，"以人为本"的建筑的舒适性、高绿地率（绿容率），建筑安全与耐久性（人车分流与可变空间），建筑地域化，建筑的产业化等都将是我们在未来校园规划时需要重点关注的内容和方向。下面就围绕这几个方面展开论述。

1　绿色校园总体规划中的节地与土地利用策略

在当今城市建设用地高度集约、城市空间密度日益加剧的情况下，如何高效利用土地仍然将是绿色校园规划的重中之重。中小学土地利用效率的判断标准通常也是以"学校可比容积率"来判断（即：地上总建筑面积 / 建设用地中扣除环形跑道占地面积）。中小学建设用地构成区别于其他公共建筑的是，体育用地的占比很大，因此在以往的规划设计中，结合学校功能分区、"动""静"分区、"对内"以及"对外"、"服务"与"被服务"等规划设计的基本原则，确定体育用地的位置成为第一要务，但如今往往走完这第一步后，却发现留给校园建筑建设的用地却越来越紧张，甚至已经到"捉

襟见肘"的地步。在此情况下，我们建筑师除了向政府职能部门大声疾呼、倡议提高教育用地的划拨供应外，更多能做的就是利用有限的资源，从规划设计本身上来求解了。

按照《中小学校设计规范》GB 50099—2011规定："学校主要教学用房设置窗户的外墙与铁路路轨的距离不应小于300m，与高速路、地上轨道交通线或城市主干道的距离不应小于80m。""学校周界外25m范围内已有邻里建筑处的噪声级不应超过国家现行标准，各类教室的外窗与相对的教学用房或室外运动场地边缘间的距离不应小于25m。"因此，解决好"80m"以及"三个25m"的问题，就是一把解决校园规划如何节约土地问题的"金钥匙"。通过对最近几年中小学规划实际案例的研究学习，总结下来，我们有以下原则可遵循。

（1）将室外运动区置于沿城市主干道或比较闹的城市道路（或其他噪声源）一侧，利用室外运动区作为"缓冲带"，避免主要教学建筑对城市道路（噪声源）的直接退让问题，这不仅是在当下，在过去以往的校园规划实践中，也是我们坚持的"节地"第一原则。在运动场的邻近位置布置"体育馆（风雨操场）"，不仅可利用其建筑体量遮挡噪声，而且便于对外向社会开放。

（2）避免主要教学建筑正对运动场布置，而利用教学建筑侧边布置"各类运动场地"也是一条重要的总平面节地布置原则（图1）。

（3）将部分运动场地搬上"建筑屋顶"，尽量减少室外运动场的占地。将运动场看台与校园建筑或交通空间结合布置，减少看台对体育用地本身的侵占（图2）。

图1　设计案例：石湫街道明觉小学投标项目

图2　设计案例：石湫街道明觉小学投标项目

（4）将一些"公共性"比较强的空间（如报告厅、食堂、校史展示等）、一些专用教室（如音乐教室、舞蹈教室、多媒体教室等）布置在首层，以使校园公共活动更多在首层进行；教学楼、宿舍和风雨操场等建筑尽量布置在二层及以上，以保证良好的日照、采光和通风。这种空间布局的策略是将"普通教学单元"集中布置，将节约下来的土地空间留给公共性强的"功能空间"。

（5）利用"东西向"布置一些对朝向不敏感的功能空间，也是我们高效利用土地的重要设计手段。比如可牺牲部分"专用教室"朝向，沿东西向布置。一些与教学单元联系比较紧密的"教师办公室"亦可利用东西向来布局。

（6）当我们遇到场地地形条件制约较大、场地竖向比较复杂的建设用地时，设计应结合场地地形特征，充分利用"抬高""架空""下沉""半地下""地下"空间，在节约场地挖填土方量的同时，释放出更大的庭院地面空间。竖向高低错落布置校园建筑也有利于节约建筑日照间距，避免视线干扰，保证各建筑单体的自然采光通风。

（7）《中小学校设计规范》GB 50099 规定：小学的各类主要教学用房不应设在四层以上，中学的各类主要教学用房不应设在五层以上（规范从紧急疏散及学生课间活动折返后疲劳角度来解释）。我们通过抬高室外紧急疏散及室外活动场地高度的方法，在保证普通教室与室外疏散安全区相对层数满足规范规定的前提下，就可实现中小学建筑层数的突破。同时，如行政办公室等非主要教学用房应尽可能向垂直方向争取空间，以此来缓解用地的紧张。

（8）为了适应城市土地、人口规模、教育理念的时代背景发展，高容积率、高密度（简称高容高密）的校园已成为我们设计行业中小学设计的常态与挑战，是否高效地配置教育资源就成为规划设计成败的关键。在这种形势下，校园综合体模式的新型校园设计作品应运而生。这种模式区别于传统的校园设计，强调将各种功能的空间集中布置，尽量释放出室外空地，打破传统的教学楼、实验楼、行政楼、图书馆、风雨操场、餐厅、宿舍楼等"独立单体 + 风雨连廊"的单一布局排列方式，转而从整体出发，重新整合组织，形成一个有机的、高效的空间组合模式。这种模式往往打破了各功能之间的单体界线，模糊内部空间、人行道、走廊、屋顶平台等交通空间、公共空间之间的界限，创造出新的多元化公共空间。在城市空间越来越拥挤的今天，校园规划设计应该尽可能地做得开放，争取最大的外部活动空间，来供学生活动，享受绿地、阳光。

2　中小学绿色校园规划中的"场地与生态景观"策略

区别于过去单纯追求"绿地覆盖率"的评价体系，在今后绿色校园的规划中，将更加注重对原有场地生态的修复与保护，维持场地与基地对周边生态的延续性。同时新标在"创新与提高"部分更是引入了"绿容率"的概念，弥补了过去绿地率、绿化覆盖率、人均绿地面积、人均公园绿地面积等的度量数据手段的明显缺陷。"新标"对场地绿地的指标要求与旧标准大大不同（规划指标的105%，绿容率不低于3.0，否则不得分），这就要求我们转变传统思维模式，在规划设计时，首先要对基地内部及其周边的生态系统有一个客观的整体评估。在绿化布局中，改变过去二维平面维度的绿化布置思路，转向"三维方向"延伸。利用好建筑的架空绿化、立面绿化、垂直绿坡、屋顶绿化，构筑立体化的绿色系统。在植物配置上更应讲究"乔、灌、草"的科学搭配，提高整个绿地生态系统对基地人居环境质量的功能作用。《绿色建筑评价标准》鼓励场地绿地对公众开放，校园对公众开放本身也是现代校园本应具有的一个特征。我国的中小学校本身都是服务于周边社区居民，作为政府性投资的中小学校园，应在保障校园安全的前提下，尽可能对社区开放，让学校发挥出社区教育中心的作用。

3　中小学绿色校园规划中的建筑安全性及耐久性策略

在新的绿色建筑评价体系中"安全耐久"部分，人车分流是在总体交通流线规划层面要解决的一个重点问题。这也是绿色校园在规划阶段应解决的最基本问题。合理利用建筑退让城市界面（用地红线）的空间来解决校园停车需求，规划设计好校园机动车交通流线与师生进出校园的步行交通流线，做好人车分流，避免交叉，保证学生上下学安全。结合校园出入口，解决好学生家长接送的问题，同时要解决好上下学时段的密集人流、集中车流对城市带来的交通压力。

设计案例：在校园主入口分别设置"家长等待区"与"家长临时停车区"，家长停车区是一个岛式的停车区域，单向行驶（图3）。

设计案例：校园主入口布置在东侧，校门内退，形成入口广场，两侧组织临时停车位，方便家长接送使用。停车均布置在地下，地下车库入口靠近城市道路，车辆无需进入校园。北侧高庙路因为设有有轨电车站，西侧规划道路已设有已建幼儿园的主出入口，南侧螺塘路设有已建小学主出入口，为了避开上下学集中人流、车流的干扰，故将校园主出入口设置在西侧天保路上，次入口设置在南侧螺塘路，同时避开本地块社会停车场出入口（图4）。

校园作为孩子学习成长的空间场所，营造出一座富有空间体验感、场所感的情景式校园是规划设计的重点。"开放性、个性化、以人为本"是现代教育最基本的三个特征，这三点同样也是中小学现代校园规划设计的"灵魂"。现代教育模式下，校园不仅是传授知识和进行研究的场所，更是全面提高综合素质的生活环境。与传统的讲授式教学不同，现代的教学模式更注重体验式教学，主张学生从生活中去体验，从实践中去学习。在此情形下，中小学学校设计衍生出了一些新型教学模式的空间。这在一定程度上也"契合"了"新标"评价标准中的"采取通用开放、灵活可变的使用空间设计，或采取建筑使用功能可变措施"的条文规定。

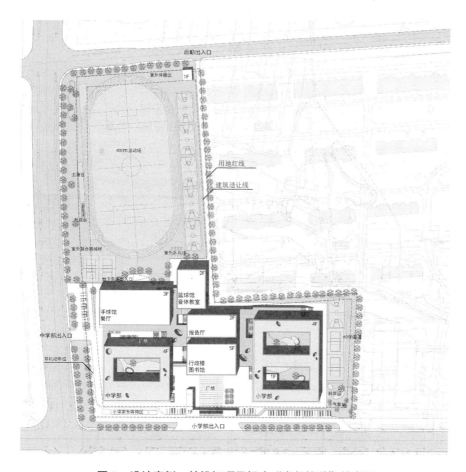

图3 设计案例：某投标项目解决"家长接送"的案例

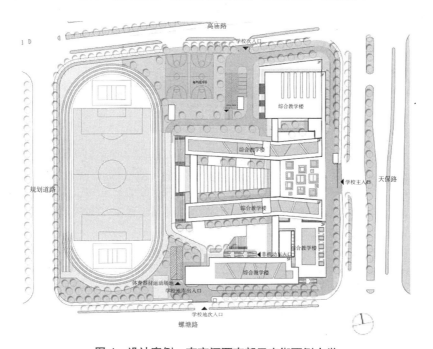

图4 设计案例：南京河西南部天宝街西侧中学

4 中小学绿色校园规划中的建筑风格、建筑形式的策略

"采用适宜地区特色的建筑风貌设计,因地制宜地传承建筑地域文化。"是"新标"提高与创新部分的一条重要内容。当下中小学校规划建筑的形体越来越"自由、开放",造型、色彩、空间呈现多样化趋势。建筑风格越来越讲究校园与其基地周边环境、城市肌理的融合协调,建筑立面强调打造完整统一的风格效果,弱化各单体作用,只是在局部结合使用功能,通过建筑材料本身的材质肌理与色彩来表达立面的诉求,而这种诉求本身已经抛弃追求单纯立面效果的思想,而着重于强调对空间功能的诉说、空间氛围的营造。

地域化特征也是当下建筑规划设计一个明显的趋势。最近几年,具有鲜明"地域化""乡土化"设计特征的中小学校设计作品不断涌现,这是我们设计行业里的一个好现象。从而打破了过去多年全国各地千篇一律的现象。这就鼓励我们在今后设计创作中,要结合项目地理位置、气候特征,以风土人文为设计切入点,积极运用当地成熟的建筑构造技艺、建筑材料,来实现本土建筑的建造。

5 绿色校园规划"响应"国家可持续发展战略政策、建筑产业化政策的策略

5.1 海绵城市战略化趋势

"海绵城市"如今已被视为解决城市水和生态等综合问题的核心理念。建设具有自然存积、自然渗透、自然净化功能的海绵城市是我国今后城市建设的重大任务。中小学校园本身就有高绿化率的特征,通过透水砖(人行道)、透水混凝土(操场)、屋顶绿化等设计,很容易做到对地表径流量的控制,实现"海绵城市"设计目标。

5.2 装配式建筑应用化趋势

大力推行装配式建筑是国家未来十年建筑产业化政策的主旋律,"新标"明显增加了建筑产业化的评价内容。学校建筑的"各类教室",因为其功能要求,空间尺寸、结构柱网很容易做到统一,有利实现建筑模数化,非常有利于开展"装配式建筑设计"。因此进行中小学设计时,在考虑建筑结构、立面形式时,从一开始就要规划好装配式建造的理念,为未来装配化实施时的"结构拆分"提供良好的条件,达到国家现行政策要求的"装配率"指标。在建造过程中应积极选用绿色建材,积极推广土建工程与装饰一体化设计及施工工艺技术,起好模范带头作用。

6 结语

以上这些感悟本身来源于项目投标设计实践,或者实际项目的施工图深化过程中,其中有些内

容的看法可能带有片面性及局限性，但仅仅限于个人的理解。希望这些总结归纳对于大家有所借鉴帮助，其中有不恰当的地方也乐于得到大家的批评指正。

参考文献

[1]　张宗尧，李志民 .《中小学建筑设计》（第二版）[M]. 北京：中国建筑工业出版社，2009.

[2]　中国建筑设计院有限公司，华南理工大学建筑学院 .《建筑设计资料集》（第三版）第 4 分册 [M]. 北京：中国建筑工业出版社，2017.

图片来源

图 1、图 2、图 4：来源于建学建筑与工程设计所有限公司工程项目资料。

图 3：来源于本人参与完成的投标项目。

5

◇ 浅析高密度校园的精细化设计

吕倩倩

摘　要：随着用地越来越紧张，校园建筑趋于高密度，规划形态发生了从"粗放"到"集约"的转变，建筑空间也逐渐更加富有趣味，空间、节点、色彩、材质都是精细化设计的内容，本文从"宏观"到"微观"阐述了如何做好高密度校园的设计。

关键词：高抬式校园，功能叠合，精细化设计

　　《中庸》有云：致广大而尽精微。意思是要达到宽广博大的宏观境界，同时又要深入到精细详尽的微观之处。设计亦如此，从宏观和微观来分析，高密度校园的宏观策略应该是规划布局中的有效叠加、疏密有致。从微观上来讲，校园内的空间与功能、光线与环境、结构与节点、材料与色彩都是精细化设计的内容。

　　随着城市人口迅速扩张，土地资源紧缺，我们在深圳市设计的大多数校园，生均用地基本处于《深圳市城市规划标准与准则》（以下简称"深标"）中教育设施的较低标准。图1为"深标"中小学的用地要求。在集约用地的情况下，中小学校的创新思维尤为重要，把创新实践于工程中需要精细化设计的把控。

图1　传统的校园规划

由于教学建筑对噪声控制的要求，基本上都采取行列式布局，教室外墙的间距为 25m，且《中小学校设计规范》中规定，各类小学的主要教学用房不应设在四层以上，各类中学的主要教学用房不应设在五层以上。规范对高度和间距的强制性要求，就会导致规划形态上的粗放，密集度较低，形成土地的浪费（图 1）。

我们可以在不突破规范的情况下，通过以下几个方式完成高密度校园的精细化设计。

1　从"粗放"到"集约"

把运动场及活动平台抬高，在下方增加功能空间，占满 25m 的"间隙"。把大开间的功能用房放在平台下，例如合班教室、风雨操场、报告厅、游泳馆等。教室最高层数从高抬式活动平台上方计算 [规范解释为 4 层（小学生）5 层（初中生）到课间活动后回到教室后的疲劳转折点]，平台下方还可以布置教室，形成整体、连续的教学空间，合理恰当地使空间集聚整合，提高使用效率（图 2、图 3）。

图 2

图 3

2 "立体"与"水平"

在主要教学用房不超高 24m 的高度规范限制下，立体叠加带来的容积率增量有限，在用地特殊的情况下还可以转变思维，从单一的外廊式布局转变，尝试组合式布局（图 4），在教室的实体部分相互叠加，把楼梯、教师办公用房等放在教学用房对面，可以做到规避噪声的效果，同时不影响采光通风，可以在有限的用地内放置更多的教学用房（图 5）。

增加架空空间，改善内廊的通风、采光等问题。在细节上，采用廊内边圆角，减少磕碰，同时避免直角交叉行走时的视线死角，为学生的奔跑嬉戏提供安全性，释放孩子爱动的天性，人性化。

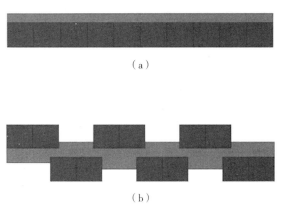

（a）

（b）

图 4 外廊式和组合式布局教室数量的对比

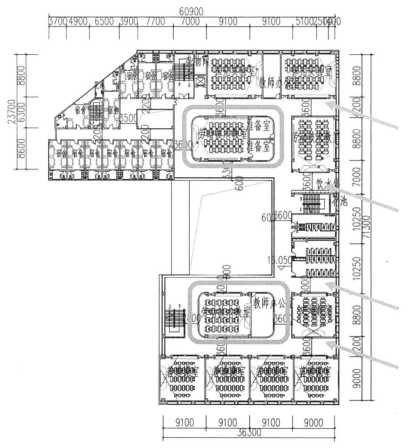

图 5 "组合式"布局综合楼平面图

3 功能叠合下校园的空间品质

在容积率高、用地紧张的情况下,功能需要紧密组合,学校除了教学外还要提供住宿、办公、食堂、体育场馆等,各种功能垂直叠加其实相当于一个小型的城市综合体,我们可以运用城市综合体的设计思路,充分利用半地下空间,做多首层的活动空间等。设计采光井,满足各个功能的通风采光需求,改善教学质量(图6)。

图6

这个小型"综合体",比普通的教学建筑更为复杂,我们要充分考虑校园建筑对本质安全的要求,从内在赋予系统安全的属性,去除各种早期危险及潜在隐患,从而能保证系统与设施的可靠运行。同时功能叠加会带来更多的消防安全隐患,在教学综合楼内设计自动喷淋,在火灾发生的第一时间起到灭火的作用。

在万不得已情况下,把教学建筑设计为高层建筑时,需把学生活动的场所放置在多层区域,学生疏散使用敞开楼梯间或坡道疏散等,规避高层建筑防烟楼梯间的两道防火门对疏散产生的影响。同时,考虑中小学生爱玩、爱跑的天性,满足非火灾情况下垂直交通使用的便利性。

除此之外,无障碍系统应该贯穿整个校园,坡道可替台阶,增加人行的便利性,尤其是对于爱玩爱跑的中小学生(图7)。

功能的复合使用也是高密度校园的特色之一,例如《龙岗区义务教育学校建设标准提升指引》中提出可以稍微减少专用教室的数量,适当增加架空层的面积,作为可变空间使用。增加学生午休室,这部分面积可以置于教学楼上方,充分利用对教室层数限制之外的建筑容量。

高密度校园带来的空间高效叠加与渗透,两三种以上的功能需要通过某个特定空间进行联系,而这个用于串联各大功能的空间穿插在校园的很多位置,往往具有"无边界"和模糊性。因此它们变成了学生经常思考、放空的场所,每个人在学生时代可能都会在校园中有一个"秘密花园",这个空间带有特定的记忆,我们在学校设计中应该多创造一些这样的空间。

路易斯·康提出,教室只是开始学习的正式场所,而走廊和广场、庭院等空间成为新的学习中心。学生在此交流、玩耍,激发天性。可以利用建筑之间的错位、连廊,形成丰富的庭院空间、架

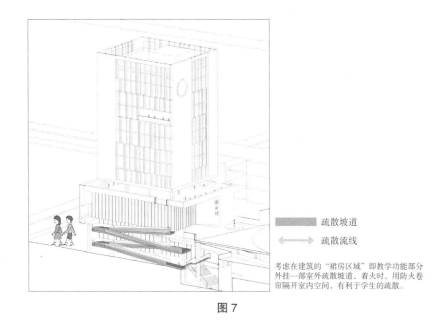

疏散坡道
疏散流线

考虑在建筑的"裙房区域"即教学功能部分外挂一部室外疏散坡道，着火时，用防火卷帘隔开室内空间，有利于学生的疏散。

图7

空空间、读书角等，作为可变的教育空间，以适应素质教育对多元化教学空间的要求。用地紧张情况下，中小学校的活动空间逐渐变得立体，从地面发展到二层平台、屋顶操场，以及教学楼的屋顶实践场地。校园地面绿化空间也被挤占，所剩无几。把简单的花池转变为绿化平台，垂直绿化。把走廊变成可互动的绿化空间生态园地等，让学生可以随时感受自然，扩大认知。在用地紧张的情况下，更要多创造一些丰富有趣的空间，激发学生的探索精神。

对于光线与环境，除了教学用房满足规定要求的日照之外，使用房间的光环境也不容忽视。在岭南特殊的气候条件下，利用建筑造型的遮阳板等创造宜人的室内光环境毋庸置疑，大多数建筑师都会巧妙地结合运用这些内容，并借此赋予建筑美感。大空间的功能用房例如体育馆、报告厅、食堂等往往被置于建筑平台之下，缺乏采光条件，可以通过天井、采光灯照亮部分空间，恰到好处地照在下沉庭院的某棵植物上、某面墙上，让空间更具内容。光赋予空间"神性"，为建筑注入生命力。

4 构造与节点

在一个工程中，往往有多重多样的因素限制设计的想法，大多数学校造价有限，作为一个高速发展的城市，深圳学位缺口很大，学校已经属于社会的基础保障性公共设施，新建校园都保证造价合理，使用安全。建筑师必须综合考量各种因素，大跨度空间的实施，超长的悬挑、设备管线的外露等为建筑带来空间及外观的影响不容小觑，造价限制下公共区域甚至没有条件做吊顶，仅以涂刷、贴瓷砖简装交付使用。土建工程如果能在细节做到尽善尽美，让裸露的结构展现豪放、有力量的自然美感，管线成为一道工业化风景，设备、突出地面的井道、梯间等成为有趣的构筑物，通过对构造细节的把控，让这些需要靠装饰美化的节点呈现出不一样的风貌特色。

空调位与花池的设计、外廊的排水与栏杆高度、教室门与外窗的开启方式等与使用挂钩，需要我们在人体尺度上多下功夫研究，很多细节也与建筑外立面息息相关，例如在效果图上的一排横向花池，先不提需要的覆土厚度与结构荷载的关系，竖向排水立管如何不打断建筑的横线条的延伸感也要细细考量。一方面对建筑师自身的专业素质提出了更高的要求，一方面也促使我们思考更多的领域来促成一个精细的工程。

5 建筑材料与色彩

如果说一栋建筑能给人最直观的触觉与视觉感受的地方，那非材料和色彩莫属了，它无异于一个人的着装与皮肤。随着建筑技术的发展，越来越多的材料出现在建材市场，供建筑师发挥想象。我们应该充分地了解每种材料的特性，并用在相应的位置。色彩在空间中的点缀更加明显，黄色使人轻松愉快，充满希望和活力；蓝色使人静谧。在校园设计中，使用的色彩不宜过多，整体保持克制理性的基准色调，局部的色彩运用为空间进行划分，例如架空活动区域和架空读书角，属于同一空间维度内不同的使用性质，材料与色彩的区分会带来不同的观感与体验（图8）。

图 8

高密度已成为目前校园建筑的常态，宏观上，从地理因素和周边环境对校园空间布局的影响，做好"在地性"设计，微观上，细致到考量一种瓷片或铝材对人体的触感，精细化设计贯穿始终，项目的完成度也与此息息相关，带来层出不穷的考验，希望建筑师都可以做到"致广大而尽精微"。

图片来源

图片1来源于网络（网址）：http：//blog.sina.com.cn/s/blog_4c5c1f7701000a8j.html.

图片2~图片7来源于作者绘制。

图片8来源于网络（网址）：

https：//www.gooood.cn/group-of-schools-nursery-primary-la-courneuve-by-dominique-coulon-architecte.htm.

6

"精准设计"与"格式塔心理学"结合的经验之谈 —— 以布澜小学新建工程为例

覃健雄

摘　要：建筑不是简单的功能叠加与材料拼合，而是如隐喻的诗歌一般，在实现空间利用的同时，带给人以或神秘或平静或兴奋的感知与心情。中小学学生因心理和意识尚未成熟，我们在校园设计中尤为着重于场所精神对使用者的引导力和影响力。

关键词：精准设计，格式塔心理学，校园设计

　　本文结合了深圳市布澜小学新建工程项目方案，在设计方法上进行了一次自我重修的过程。在项目中标以后，进行了多次改动，在设计师的努力下，整体设计得以保持"完形"。对此，我们重新进行对设计的深度思考和自我审判。在本次总结中，通过对"精准设计"和"格式塔心理学"的研究，发现了某些设计规律，不仅仅针对校园设计，而且适用很多种类的设计。

　　精准设计：项目分析一定是"一刀切"在关键地方，不做各种可能性的覆盖式比较，否则效率比较低，会花费许多时间试对错，而是针对这个项目提出的问题，进行理性分析，让所有人都能了解我们需要解决的问题和技术、创意线路，如此一来，容易得出理性的、认可度较高的方案（注①）。

　　格式塔心理学：德文是"Gestalt"，中文译为"完形"，格式塔心理学又称完形心理学，认为形体是完整统一的，强调直觉的能动作用，各种形态在空间中的关系是相互影响的有机整体（注②）。

　　当代建筑设计中越来越注重心理情感的表达，一般来说，优秀的艺术作品（包括建筑作品），因为符合人的直觉规律，具有艺术性，因而是一种生命的形式，而它们无一不是格式塔。

1　以"精准设计"为研究方针

　　一个小朋友成长的关键时期，几乎一半都在校园里度过。校园环境跟孩子们成长息息相关。我们将进行更多的换位思考，思考未来学校建成之后，能给孩子们带来什么样的环境去学习、去交流、去体验、去成长（图1）。环境对于个性和才能的发展具有决定性的影响。我们希望学习空间无处不在，更多的多功能开放空间为学生、老师提供了手工、书画、阅读、展览等活动。

图 1 鸟瞰图

1.1 精准设计第一式:精准预判——空中有丘壑

随着深圳城市快速发展,城市建设用地高度集约,城市空间密度日益加剧(图3);而面向未来教育的多元化建筑功能需求,也催生了校园空间硬件指标的进一步提升,因此为了适应城市土地、人口规模、教育理念的时代背景发展,高容积率、高密度(新建容积率超2.0已经是常态)的校园已成了近年来深圳中小学设计的热点和面临的挑战(图2)。

图 2 东侧主干道效果图

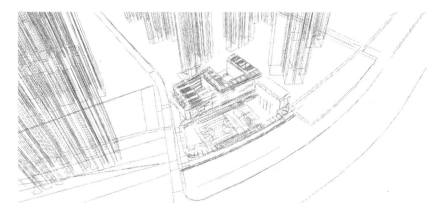

图 3　被密集城市包围的场地示意

布澜小学用地面积 9213m^2，而在总建筑面积要求 20126m^2 的布澜小学设计中，经过我们初步预判，这必然是个立体、复合式的校园空间，我们以这个判断，作为设计研究方向。

1.2　精准设计第二式：精准分析——运筹帷幄

通过对选址以及周边环境的大量分析，将所有利弊条件清晰罗列。

1.2.1　学校出入口

因交通条件限制，学校主入口、车库入口、后勤入口均设置于南侧城市支路，本次设计重点考虑如何人车分流，考虑校园主入口与后勤入口的互不干扰。

1.2.2　地形的利用

基地与周边呈阶梯状，且高差较大，设计应考虑如何充分利用抬地空间，降低学校空间拥挤度（图 4）。

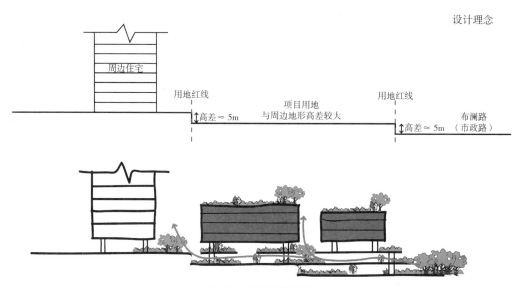

图 4　场地剖断示意

1.2.3   周边环境的相互影响

用地西北侧为住宅小区，应避免学校操场对其产生的噪声干扰。东侧为城市主干道，布局上亦应考虑主干道噪声对教学区的影响。

1.3   精准设计第三式：精确制导——决胜千里

从规划布局上，通过对场地周边环境的分析，运动区布置于基地东侧，教学区布置于基地西侧，动静分区，同时解决了城市主干道对教学区、运动区对住宅的噪声干扰。亦减少了运动场对居民区的影响（图5）。

从水平功能上，以动静分区为前提，以日照、间距等规范为制约条件，教学区布置三栋南北向教学单元。其中靠近翠岭路的单元主要为图书馆与行政办公，提升入口昭示性与办事效率；主要教学用房设置北侧两栋单元，形成庇护的、安静的教学空间。生活服务区布置在基地北侧，独立设置后勤流线。

从竖向功能上，充分利用台地地形，将运动场抬高一层，运动场下方放置大空间需求的风雨操场与生活服务用房，获得更好的通风采光（图6），同时根据地形从东侧一层底标高开设独立流线与南侧翠岭路连接。后勤与教学形成分流，同时也方便体育馆对外开放。大面积架空且设置大活动平台与操场对接，为学生提供更大的活动场地。教学用房层层采用连廊连接，打造立体校园（图7）。

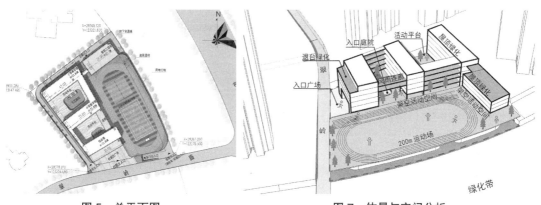

图5   总平面图   图7   体量与空间分析

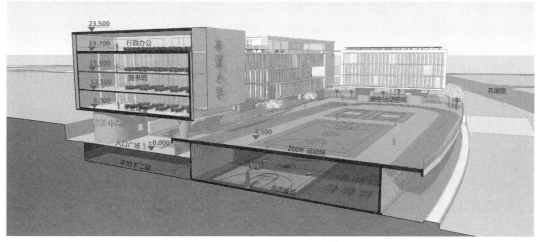

图6   场地剖透视

2 格式塔心理学在建筑设计中的哲学指导

迈耶曾经说过："现代主义的诗学、技术的美和实用仍吸引着我。"这是对功能现代主义的折衷批判，建筑师应当通过设计实践去追寻美学观点，关注人的需求与感受。建筑不是简单的功能叠加与材料拼合，而是如隐喻的诗歌一般，在实现空间利用的同时，带给人以或神秘或平静或兴奋的感知与心情。

中小学学生因心理和意识尚未成熟，我们在校园设计中尤为着重于场所精神对使用者的影响力。

2.1 格式塔心理学的认识

在本次设计中，我们挑选其中核心内容之一——"场效应"，进行诠释并且利用。我们要研究的是整体，所考虑的是有具体的整体原则的结构。它完形必须是一个整体，各个部位之间有一种内在联系，形成不可分割的有机整体。

整体要由各个要素和成分构成，但不能把完形分解成各个成分，它的特征和性质是从原来的构成成分中找不出来的。没有多余的部分，没有令人不舒服的地方，"整体大于部分之和"。

2.2 视觉整体性→场效应→视觉冲击力

在格式塔原理中，画面上的每一个局部，都是起着或大，或小，或好，或差的作用，都是参加整体"演出"的组成部分。它是一种集合最直观的元素，从而心里形成某种意识和认知的过程活动，简单来说，这是一个自我心理暗示过程。

以抬起来操场为底盘与上面建筑体块相互"压缩"形成的彩色架空"领域"，极具张力和视觉冲击力。

如图8、图9所示，"格式塔美学"或"格式塔心理学"，在视觉心理方面的研究，则开拓了新的领域，即"视知觉"。

图8 半鸟瞰图

图9 主入口透视图

比如图 10 中的三个点,实际客观上也是只有 3 个点,但是我们通过"视知觉"反应,心理暗示,这是一个三角区域,这个过程就成为"场效应"。这 3 个点组成的三角布局,就会增大画面视觉冲击力(三角区域大于 3 个单独点加起来的效果)。

我们从地理环境分析,地块之于城市里,本身就是一个梯田"场效应",只不过随着区域远近大小,其"场效应"有所不同,我们取正常城市鸟瞰视觉距离来定位项目场地的"场",从而方便未来对场地的升级改造有一个大概的拿捏程度(图 11 为城市鸟瞰中布澜小学的梯田式场地处理)。

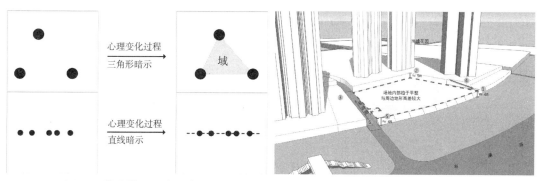

图 10 格式塔心理暗示表达　　　　　图 11 基地地形示意

3 深度思考:什么是弹性设计?

图 12~ 图 14 充分展示了"场效应"均未被破坏的前提下,进行局部的颜色、细节等修改,依然具备它原有的视觉冲击力度。

我们可以将"场效应"分为一般效应和深度效应。举个例子,人的五官元素简单构成"这是一个人脸"的概念,这就是指"场效应"的一般效应。而由于五官的形状、大小、颜色等的"深度元素"不一样,因此产生深度"场效应",这就是为什么"这是彭于晏、那是吴彦祖"的区别。

调色区（橙）

图 12

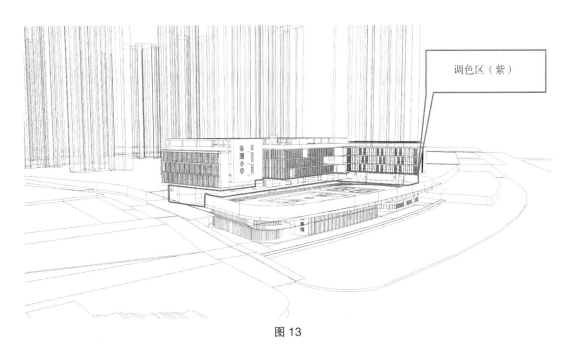

调色区（紫）

图 13

因此,弹性设计其实就是在维持一般"场效应"的情况下,适度改变深度"场效应"。只要"场效应"未遭破坏,则设计艺术性依然存在。此条规则均适用于绘画、摄影、平面设计、空间设计、规划设计等。它是一种有弹性的设计。

一定程度上,甲方们也遵循了"格式塔心理学"中"视知觉"做出的直接心理反应。设计师面对甲方的修改意见时,知道什么地方可以按意见改动,不是盲目地听从修改;知道哪些地方需要坚持自己的创意,努力争一争。

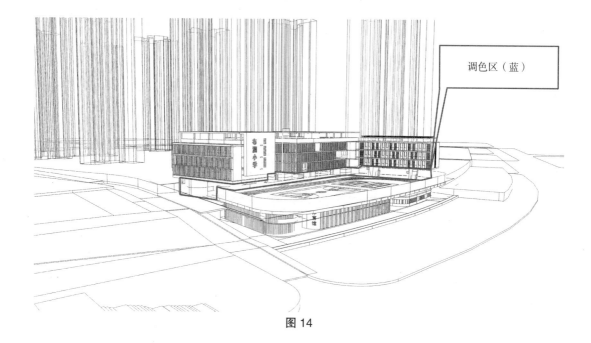

调色区（蓝）

图 14

我们可以根据建筑本身的不同用途与使用者们的不同需求，通过格式塔原则对建筑进行梳理，对人们的感知形成引导性，让建筑自身带领使用者们去认识建筑、感受建筑。让人们更直观、更清晰地认知建筑，这样的建筑才是一个"美好"的建筑。

注释

① 崔愷院士于 2018 年 09 月 14 号，在中国建筑设计研究院设计研究中心接受的一次面向中国本土的理性主义设计方法访谈，其中提到"精准设计"。

② 所谓"格式塔"，系由德文转化而来（Gestalt，英译 Form 或 Shape），被认为"是站在现代心理学发展的前沿，充分利用实验的手段揭示和验证'心'、'物'之间的'完形'规律。……（它）充溢着系统论和结构主义等现代科学精神，对艺术形式'形而下'研究做出了重要贡献。"（转引自《西方形式美学》）

图片来源

文中图片均来源于作者绘制。

7

◇ 超低能耗建筑技术在学校建筑中的应用分析

田山明　董小海　李鹤

摘　要：超低能耗建筑不仅是一个建筑物的能耗标准，更重要的是符合最高水平的室内舒适度的需求。这个舒适度是满足 ISO7730 的标准。当新风系统提供室内新鲜空气的同时，又能基本提供室内供暖、供冷的需求，就形成了超低能耗的概念。教室是中小学生学习的主要场所，教室内的空气质量直接关系到学生身心健康和学习效果，因而受到家长和社会的广泛关注。在满足了保温、气密性、高性能门窗、无热桥设计的超低能耗建筑热工要求的同时，符合学校使用功能特点和教室空气质量标准的新风系统设计，无论是在最大限度地降低建筑能耗方面，还是在节约学校运营费用方面，都是至关重要的。

关键词：超低能耗学校建筑，室内空气环境，分时分区送风回风

1　前言

超低能耗建筑技术在中国得到广泛应用。优越的节能效果，优良的室内空气环境，在外围护结构保温性能得到充分提高的条件下，室内新风系统设计及辅助冷热源系统的应用，是满足学校建筑功能需求的关键。

ISO7730 标准《适中的热环境—PMV 和 PPD 指标的确定及热舒适条件的确定》，详细规定了高舒适度室内环境要素和控制值（见表 1）：

高舒适度室内环境要素和控制值　　　　　　　　　　　　　　　表 1

室内温度	20~26℃，即冬季满足 20℃以上，夏季满足 26℃以下
室内相对湿度	相对湿度 40%~60% 之间
声环境控制	白天低于 45dB，夜晚低于 35dB
室内空气品质	室内新风量要求：30m³/h·人；空气流速：夏季 0.3m/s，冬季 0.2m/s；可吸入颗粒 PM10 低于 0.15mg/m³·日；细菌菌落总数低于 2500cfu/m³
日照	保证享受充足的阳光又能阻挡烈日的直射，必要的外遮阳是最好的手段

学校是中小学生学习和生活的场所，室内的舒适度是影响学生学习和成长的重要因素，也是广大学生家长热切关注的问题。把超低能耗建筑技术应用到学校建筑中，不仅可达到绿色节能的目标，也是对健康校园内容的提升，使之达到国际化标准。

2 超低能耗学校建筑设计概念

超低能耗学校建筑除了满足《中小学校设计规范》和《公共建筑节能设计标准》外，还应该侧重从以下几个方面的性能化设计入手，满足超低能耗建筑热工的要求。

2.1 单体建筑的体形系数

体形系数是建筑物与室外大气接触的外表面积与其所包围的体积的比值，它反映了一栋建筑体形的复杂程度和围护结构散热面积的多少，体形系数越大，则体形越复杂，其围护结构散热面积就越大，建筑物围护结构传热耗热量就越大。因此建筑体形系数是影响建筑物耗热量指标的重要因素之一，是超低能耗建筑设计一个重要指标。

2.2 良好的建筑外围护系统保温

目前全国各地相继颁布的超低能耗建筑技术规程及导则，涵盖了多个气候区。对建筑外围护系统的热工性能都制定了标准（见表2、表3）。

外围护结构平均传热系数（K_m）　　　　　　　表2

围护结构部位	平均传热系数 K_m [W/（m²·K）]				
	严寒地区	寒冷地区	夏热冬冷地区	夏热冬暖地区	温和地区
外围护墙板	0.10~0.20	0.15~0.25	0.20~0.30	0.30~0.50	0.30~0.40
屋面	0.10~0.20	0.15~0.25	0.20~0.30	0.30~0.50	0.20~0.40
地面或外挑楼板	0.20~0.30	0.25~0.40	0.35~0.45	—	—

外门窗（透光幕墙）综合传热系数（K_w）　　　　　　　表3

指标	严寒地区	寒冷地区	夏热冬冷地区	夏热冬暖地区	温和地区
综合传热系数 K_w[W/（m²·K）]	≤ 0.6	≤ 0.8	≤ 1.0	≤ 1.2	≤ 1.0

2.3 良好的建筑气密性

气密性对于超低能耗建筑是一个非常关键的要求，在冬季采暖和夏季制冷的工况下，良好的气密性对能耗的损失有显著的控制。

2.4　无热桥设计

建筑热桥的产生有几种形式：保温层中断或错位、高导热材料穿过保温层、外走廊与主体结构连接处等。热桥的形式有线性热桥和点状热桥。应采用热工模拟计算，确定热桥的热损失。可采用结构构件分离、增加隔热措施及保温材料包裹的方式，把热桥效应降至最低。

2.5　建筑遮阳

建筑遮阳是减少夏季热辐射影响的主要手段，由于电动遮阳百叶会影响教室的自然采光效果。因此普通教室及有采光要求的辅助教室，应进行夏季日照模拟分析，采用固定遮阳方式减少阳光射入对室内温度的影响。

3　学校建筑的新风系统设计

3.1　新风系统设计的前期资料收集

（1）在学校建筑概念设计阶段，依据《中小学校设计规范》GB 50099确定学校规模、年级配比，计算最大学生数量和最多的教室数量，并据此进行新风系统的概念设计。这其中包括：估算新风风量，依据教室功能和教室分布确定新风控制。

（2）依据学校建设场地概念规划，考虑建设场地的主导风向，考虑场地周边环境影响，确定新鲜空气的进风口位置。必要时对室外空气进行预处理。

（3）学校建设场地气候条件和气象数据的收集。

（4）进行室内空间划分和使用功能划分，普通教室、主要出入口和通道、辅助功能教室、人员密集教室、体育场馆等，不同功能的教室使用时间也是很重要的参数。

（5）使用空间内存在额外热（冷）负荷。

（6）超低能耗建筑所需可再生能源情况调查。

3.2　新风系统方案决策

针对下列互为对立关系的通风形式，在尽可能简化的选项基础上，根据项目建筑方案设计的特点，确定最重要的决策标准。

（1）全面通风是对整个房间进行通风换气，通过新风送风管道将新鲜空气送入室内，并通过回风系统将室内浑浊空气排出。达到室内空气质量要求。局部通风是在室内特定位置建立新风气流组织，在这个特定位置内营造高品质的空气环境。全面通风的风量大，能耗高；局部通风效果明显，节省能源。在局部通风情况下，当需要达到CO_2控制数值时，可以通过在课间的开窗通风实现。

（2）单纯通风与送风供暖，以送风供暖完全满足热负荷指标需要，原则上需要达到被动房标准。为实现室内空气的高除湿效果，开学期间必须在上课之前将热能送入室内，因此新风机组设备运行时间应该比上课时间更长一些。寒冷的冬季时间，周末或放假期间，基于 EN 13779：2008 的规范标准，为避免室内空间大幅降温，新风机组同样需要达到 0.15m²/h/m² 的基础通风。因为被动房中

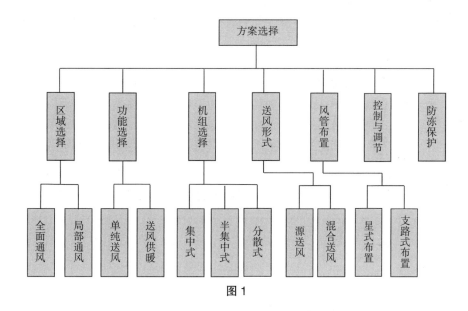

图 1

人员的散热明显高于教室内部的热负荷指标，原则上学生来校时不再需要额外的热能输送。

（3）集中式就是中央新风系统，以整栋建筑为单元，采用一个主机机房，通过竖向及水平的风管送风。半集中式就是分层设置新风机组，可以是每层，也可以是多层。分散式就是以教室为单元的独立新风系统。

（4）新风系统方案的决策标准可参考表 4。

新风系统方案选择的决策标准　　　　表 4

项目条件	集中式	分散式（1）	分散式（2）	半集中式
项目所在地的高灰尘负荷				
项目所在地的高外部噪声负荷				
外立面夏季的强力加热				
外立面的高风压负荷				
外立面的无变化				
滤网更换的更低成本				
机房距离过远，管道成本高				
高防火保护要求				
可靠性				
简化的控制性				
必要的多层级空气处理与后续处理				
各教室独特的空气条件				
各教室独特的使用时间				
简化的自身噪声保护				
更低的设计成本				
热损失与热桥的避免（系统＋统一）				

注：表中分散式（1）指新风机组位于教室内部；分散式（2）指新风机组位于教室外部。

（5）原则上集中式与分散式系统均可达到同样的目标，决策的决定性因素是成本。集中式方案对比分散式方案（各教室安装），表面上看是可以节约成本，但认真分析后，会发现分散式方案在节约成本上更具有优势，集中式方案通常避免使用以各教室为单位控制（调节风量）。但按照实际的使用效果来比较，并没有发现拥有明显的成本优势。

（6）源送风或混合送风都是实现良好新风供给的方案。在旧房改造项目中特别常见的问题是，如何最小化管道安装与管道一体化的昂贵成本。混合送风为风口定位提供了更多的可能性。如果能将送风口和回风口安装在同一侧，原则上需要更短的管道长度。是否采用源送风或混合送风的重要标准在表 5 中进行了说明。

送风方式的决定标准 表 5

条件及标准	源送风	混合送风
教室净高 < 3m		
屋顶处阻挡空气偏差		
送风供暖		
送风制冷		
不能一直稳定保持室内送风温度舒适度		
屋顶区域的风管管道一体化（吊顶）		
底板附近存在的溢流交叉		

（7）星状管道布置可通过支路实现"分散式"，气流组织分配的种类是中央新风机组的重要问题。除传统基于支管的新风管道布置原则（大树结构），在公寓内气流组织输送及回收的一部分通过带有隔声的、采用同管道尺寸的中央风箱完成。这种系统在学校建筑中也有使用（见表 6）。

气流组织分配与回收的决定标准 表 6

条件及标准	支路分配	中央分配
各个教室之间的较大距离		
新风机组在教室中间位置，较少的送风教室数量		
延伸部分 – 教室彼此连接		
消音器的位置不足		
清洁成本		
可设置性		

（8）控制与调节的种类对于舒适度（室内空气、湿度）和节能运行的目标有决定性的影响。方案的选择主要是取决于成本、控制、维护。室内空气质量控制包括：CO_2 感应器、混合感应器（监测不同有害物质，如：氨气、烟草、CO、VOCs、PM 值等）。新风控制与调节方案类型选择可参考以下说明（见表 7）。

新风控制与调节的类型 表7

	运行控制（开/关）	
	周末及假期	使用阶段
通风控制与调节	固定通风等级	
	等级开关最优控制	
	教室内部的手动等级开关	
	基于人数总量的控制 ※	
	CO_2 - 空气质量控制	
	综合的空气质量与空气湿度控制	

注：※：风量是基于上课时间与学生总数控制的。

（9）防冻保护措施，当存在室外温度低于0℃时回风可能导致在热回收芯位置出现冷凝水，这将导致热回收效率下降并产生更高的风阻。无对应措施的情况下甚至可能导致入口流量的冻结。为避免新风机组在低温运行时的效率减值，必须根据热回收芯的种类和节能效率对室外新鲜空气进行预热处理。在全热回收状态下，可以在室外温度 –10℃时确保无障碍运行。必须注意的是，经过热回收后温度达不到基于热舒适度要求的教室内部送风温度，必须设计安装新风加热器。当预热后将空气最低温度提高至0℃以上，在高能效显热及全热回收芯后，不再设置加热器。防冻保护措施可参考以下标准（见表8）。

防冻保护种类的决定标准 表8

要求	防冻保护可能性		
	辅助地热	电加热器	室外空气旁路
更高的能源标准			
更低的能源标准			※
标准室外温度 < –18℃			

注：※：未必一定能达到舒适度温度。

（10）辅助冷热源系统的选择标准（见表9）。

辅助冷热源决定标准（EWT） 表9

	标准	空气源热泵	地（水）源热泵
技术性标准	卫生学安全性		
	停机安全性		
	可调控性		
	中央新风机组		
	氪负荷		
	热泵连接		

4 超低能耗学校运营

（1）每所现代学校均应控制通风，使其符合可接受的室内空气质量标准。

（2）为了合理的投资或技术支出，学校新风系统的空气流量应基于健康和教育目标，而不应基于舒适度标准的上限。与住宅或办公楼相比，由于学校中人数的增加，应适当提高新风风量和换气次数。

（3）为了合理的运营成本，学校的新风系统必须定期运行或根据需求运行。出于健康卫生的原因，新风系统采用定时控制措施，在学生到校前及离校后，提前时间启动及滞后关闭。

（4）提高换气率的直接结果是：必须将新风系统的运行时间限制在使用期限内，否则至少应大大减少使用时间以外的新风量。

（5）在学校新风系统设计中，对于以 $2h-1$ 进行设计的基本通风，最有效的是学生到校前一小时启动新风系统，使用设计的最大风量，从而可以实现必要的"两倍"空气流量交换。此后根据学生密度、CO_2 含量或其他代表性空气质量指标，进行风量调节。

5 结束语

根据目前我国超低能耗建筑领域（特别是超低能耗学校建筑）新风系统设计的理论基础、设计方法和运行管理等方面的现状，我们参考了德国被动房研究所的学校建筑新风系统设计指南，目的是提高对超低能耗建筑新风系统的理解，加强超低能耗建筑新风系统精细化设计，完善超低能耗建筑新风系统运行管理办法。

8

◇ 预制模块化建造技术在乡村小规模学校建筑中的应用探讨

田山明　武美鑫

摘　要：模块化设计是一种新的建筑设计思维方法，是通过对特定产品进行系统的分析和研究，对产品中相同或相似的使用功能要求的单元进行划分，以标准化为原则，通过分类、归纳、简化的手段，按产品基本使用功能和辅助使用功能，定义基本模块和专用模块。乡村小规模学校建筑是一种具有基本使用功能和辅助使用功能明确划分的设计产品。可从模块化设计这种创新和有效的建筑方法中受益：先进的工厂化生产；快捷的装配化施工；更具有绿色节能和可持续性；同时为学生提供健康舒适的学习环境。

关键词：乡村小规模学校，模块化结构体系，基本模块，专用模块，绿色节能

1　前言

2018 年 5 月国务院办公厅印发了关于"两类学校"建设的指导意见，总的目标是到 2020 年补齐城乡一体化发展的乡村短板。前不久，中共中央、国务院印发《乡村振兴战略规划（2018—2022 年）》。其中，"优先发展农村教育事业"作为公共服务供给的首要内容，明确提出"统筹规划布局农村基础教育学校，保障学生就近享有有质量的教育"。关于中小学建设，总体要求在于"标准化建设的科学推进"。按照"实用、够用、安全、节俭"的原则，结合本地实际，针对乡村小规模学校特点，合理确定学校校舍建设、装备配备、信息化、安全防范等基本办学标准。保障信息化、音体美设施设备和教学仪器、图书配备，设置必要的功能教室，改善生活卫生条件。

依据现行学校建筑设计规范，本文主要探讨模块化建筑在乡村小规模学校建设中的应用，遵循满足教学功能要求，有益学生身心健康发展的原则，符合保护环境、节地、节能、节水、节材的要求，坚持科技创新和可持续发展的方向。达到有利于节约建设投资，降低运行成本的目标。

2　模块化乡村小规模学校建筑设计的思路

乡村小规模学校具有现实的政治意义，是保障农民权益和解决民生问题的需要，是乡村振兴

战略、着力解决基础设施和公共服务的目标，是强化乡村振兴人才的支撑，改善乡村小规模学校的社会环境，具备对农村自然和文化的保护价值，具有彰显基于农村自然、社会与农村人的农村教育特质。在课程教学方面可结合农村生活经验设置教学情境，传授乡土文化，让学生热爱家乡并有意愿有能力服务家乡。小规模学校具有非常大的潜在经济价值，是保证农村发展和整个社会经济发展的需要。

根据学术界普遍认可的定义，小规模学校是指不足100人的学校。为了使模块化学校的适用范围扩大，我们可以把200人以下的学校称为小规模学校。这是一个经验上的适度规模，在这个基础上进行学校的标准化设计。这个标准化设计不仅是教育质量、学生数量、教师力量、建设规模等政策上的标准化，也是建设模式的标准化，依据建设场地特征和学校的预期规模，采用模块化设计，工厂化生产，装配化施工。

学校建筑是一种具有基本使用功能和辅助使用功能划分的设计产品。其中基本使用功能包括：普通教室、学生宿舍、楼梯走廊；辅助使用功能包括：教师办公室、专业教室、公共卫生间及辅助用房。符合基本使用功能要求的模块称为基础模块；符合辅助使用功能要求的模块称为专用模块。

3 模块的结构单元设计

钢结构模块可根据基本模块和专用模块按结构受力杆件布置分为：板墙支撑模块；开放式模块；角支撑模块；格构式组合柱支撑模块；楼梯模块；非承重模块等。

板墙支撑模块包括四面墙体、楼板、顶板。墙体由竖向杆件、水平杆件和支撑杆件组成，杆件多采用冷弯薄壁型钢。竖向荷载由墙体构件传递。模块基本尺寸：开间3.0~3.6m，进深6.0~8.0m。每个模块单元可布置门窗（图1）。

开放式模块是根据功能需要，在板墙支撑模块中取消或部分取消墙体，在洞边或居中设置型钢立柱，此部分竖向荷载由型钢柱承担。洞口上部设置附加过梁。立柱通常采用70×70或100×100的方钢管（SHS）（图2）。

角支撑模块近似于普通钢框架结构，由角柱和上下边梁组成。通常采用热轧型钢，构件采用螺栓连接。适用于3层以下的建筑，水平支撑布置在隔墙内。模块的基本尺寸（3.0~3.6）×（6.0~8.0）m（图3）。

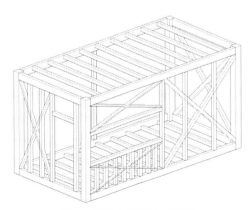

图1 板墙支撑模块示意图

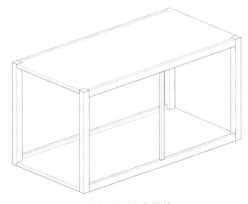

图2 开放式模块

格构式组合柱支撑模块由两根方钢组成格构式柱，柱间由抗屈服钢板（缀板）或型材（缀条）组成，并可以通过格构式组合柱、独立柱、边梁组合，提高模块的侧向刚度与承载力。

适用于不规则的平面模块组合如图4所示。

楼梯模块是由板墙支撑与梯跑板、休息平台板组成的模块，梯跑板及休息平台板与墙板内构件连接（图5）。

非承重（附属）模块，满足自重及吊装荷载，一般附属于主模块之间，可称为二次模块。通过底板构件与主模块连接，或插入主模块。

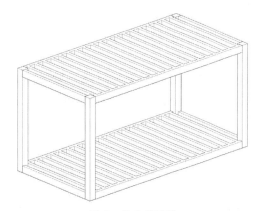

图3　角支撑模块

4　模块的连接

模块单元之间的连接包括水平连接和竖向连接，连接的可靠度直接影响结构整体的性能，因此是钢结构模块建筑结构设计的关键部分，应做到强度高、构造合理、传力可靠、便于施工和检测。

目前，模块单元间最常见的连接方式为盖板螺栓连接。连接位置一般为模块间相邻的梁间、柱间或单元角部汇集处。通常在工厂中进行预留螺栓孔，随后运送至现场进行吊装定位，然后通过预制的钢盖板和高强度螺栓对其进行连接。

随着钢结构模块化建筑的普及，模块间的连接方式将会越来越多样化，且可根据结构形式和功能需求进行自主设计，这也是模块化建筑开发的重要内容。

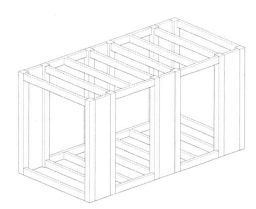

图4　格构式组合柱模块

5　绿色建筑设计

因地制宜地采用有地域特点的外装饰材料，达到绿色建筑、绿色校园的要求，同时把模块化学校建设融入当地的地域文化、风土人情、乡村风貌。达到和谐共生，文化传承，亲近自然，美化心灵。外装饰材料也可以兼做外保温及隔热材料，包括植物类材料（如：麦秸、稻秆、蒿草等），地方特色材料（如：夯土、片石、竹木等）。

根据建设场地的位置，在严寒和寒冷地区，应

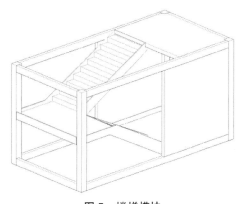

图5　楼梯模块

加强外围护系统的保温措施，加强模块连接处及整体建筑的气密性措施。夏热冬暖及温和地区加强自然通风技术措施，可根据模块化建筑的构造特点，设置架空通风层。合理利用自然资源，进行可再生能源利用，如：太阳能、风能、土壤源热泵及水利资源。并在模块化标准设计中，结合学校建筑要求的室内空气环境指标和能耗指标，进行建筑节能的标准化设计和预留空间以及自然采光、自然通风、保温隔热。

6　选择用模块化建筑的优势

（1）便于运输：该地主要交通为水运，建筑体量轻，预制构件使用小船便可以运输。
（2）便于装配：仅用简单的螺栓便可以装配。
（3）便于取材：建筑的其余装饰材料均可在当地采购，易于更换。

7　结束语

我们正处于模块化建筑的新时代，乡村学校这一带有特殊性的建筑，能从这种创新和有效的建筑方法中受益。

9

南京某中学装配式绿色建筑结构设计

朱晓丽

摘　要：建筑面积 3.3 万 m^2 的南京新建某中学，为多层建筑，局部负一层为地下车库。根据绿建三星、40% 预制装配率的目标进行结构设计。

关键词：绿色建筑，装配式建筑，结构设计，优化设计

1　项目概况

本项目位于南京市建邺区，总建筑面积约 3.3 万 m^2。局部负一层为地下车库，地上为多层建筑，建筑最高高度 22.1m。由综合教学楼 1（其中包含风雨操场及食堂 3 层，教学楼 5 层）、综合教学楼 2（其中包含报告厅 1 层，教学楼 5 层）、综合教学楼 3、地下车库、门卫等 5 个建筑单体组成。主要建筑功能为教室、办公室、食堂、多功能厅、地下停车场（图 1）。

图 1

2 绿色建筑设计

2.1 绿色星级目标

绿色星级目标为三星。

2.2 结构专业绿建设计依据

(1)《江苏省绿色建筑设计标准》DGJ32/J 173—2014
(2)《绿色建筑评价标准》GB/T 50378—2019
(3)《民用建筑绿色设计规范》JGJ/T 229—2010

2.3 结构优化设计

在保证安全性、耐久性的前提下,选用易实施的结构形式和合理的结构布置。本工程所在城市为南京市,抗震设防烈度为7度(0.10g),采用抗震结构。学校的建筑功能主要为教室、办公室,也有多功能厅、学校食堂、室内操场等大空间。根据受力特点及选材用量较少原则,大入口雨篷为单层大跨度结构,层高20m,屋面梁采用钢桁架梁;其余教学楼等均采用装配整体式混凝土框架结构;标准层楼板采用节能效果明显、工业化生产水平高的构件——预制叠合楼板,部分次梁采用预制叠合梁。

2.4 建筑结构材料

参考国家和江苏省有关主管部门公布的"推广应用新技术和限制、禁止使用落后技术目录"及"产品结构调整指导目录"中的推广材料,全部使用预拌混凝土和预拌砂浆;钢筋混凝土结构中梁、柱纵筋使用不低于400MPa级的热轧带肋钢筋。

2.5 工业化结构设计

采用计算软件YJK进行结构整体及构件的分析计算,计算模型能准确地反映该体系的受力状态。预制叠合楼板均设计为单向板,预制叠合次梁均设计为两端铰接,节点设计构造简单、传力可靠、便于施工;构件设计时考虑构件制作、安装建造、施工验收等方面的特殊要求。

3 装配式建筑设计

3.1 依据国家标准和地方政策,确定装配式设计目标

2017年8月8日,南京市人民政府发布《南京市关于进一步推进装配式建筑发展的实施意见》,全市装配式建筑发展划定为重点推进区域、积极推进区域和鼓励推进区域。本项目所在地点为南京

建邺区，为重点推进区域；新建单体建筑面积超过 5000m² 的公共建筑项目应采用装配式建筑；同一地块内必须 100% 采用；公共建筑单体预制装配率应不低于 40%。

本项目的规划要点为南京市规划局 2016 年 08 月 22 日颁发的《建设项目规划设计要点》，要求主体结构预制率 ≥ 20%，围护结构等装配率 ≥ 50%。因本项目规划要点颁发时间为 2016年，其装配式指标是按照旧的国家标准《工业化建筑评价标准》GB/T 51129—2015 提出的。因新国家标准《装配式建筑评价标准》GB/T 51129—2017 自 2018 年 2 月开始实施，旧标准自动废止。

经咨询，最终确定执行江苏省现行《江苏省装配式建筑预制装配率计算细则》；本工程为公共建筑，单体预制装配率应不低于 40%。

3.2 "三板"应用要求

根据《省住房城乡建设厅 省发展改革委 省经信委 省环保厅 省质监局关于在新建建筑中加快推广应用预制内外墙板预制楼梯板预制楼板的通知》（苏建科 [2017]43 号），"三板"应用项目实施范围为：5000m² 以上的新建建筑；对于混凝土结构建筑，应采用内隔墙板、预制楼梯板、预制叠合楼板、鼓励采用预制外墙板；外墙优先采用预制夹心保温墙板等自保温墙板。

为同时满足绿建目标、省标的预制装配率及"三板"的应用要求，最终确定采用预制内墙隔板、预制夹心保温外墙板、预制叠合楼板及部分预制叠合次梁。

3.3 装配式结构设计

3.3.1 装配式设计依据的主要规范
（1）《装配式混凝土结构技术规程》JGJ 1—2014
（2）《装配式混凝土建筑技术标准》GB/T 51231—2016
（3）江苏省工程建设标准《装配整体式混凝土框架结构技术规程》DGJ32/TJ 219—2017

3.3.2 装配式设计原则
方案阶段各专业协调，本着标准化、模数化、少规格、多组合的设计原则，进行合理的预制拆分，严格执行抗震设防标准。依据《装配式混凝土结构技术规程》JGJ 1—2014 第 6.1.4条：乙类装配整体式结构应按本地区抗震设防烈度提高一度的要求加强其抗震措施；依据第6.3.1 条：在各种设计状况下，装配整体式结构可采用与现浇混凝土结构相同的方法进行结构分析。

3.3.3 结合建筑条件图，合理进行预制结构设计
柱网尺寸是装配式框架建筑标准化设计的关键，标准化柱网基本决定了预制叠合板的布置方式和种类数量。平面布局时，普通教室采用了 9.3m×8.4m、行政办公室采用了 8.4m×8.5m的标准化柱网尺寸，奠定了装配式建筑设计的基本模数。标准化柱网使得楼板跨度和开间种类较少，预制板的种类大大减少。本项目设计遵循在满足单体预制装配率、"三板"应用要求的前提下，预制构件范围最小化原则来进行装配结构体系设计。结合南京市新建装配式学校的习惯做法，标准层楼板采用预制叠合楼板及部分预制叠合次梁，其他均为现浇钢筋混凝土构件。

3.3.4　采用 YJK 2.0 软件进行整体计算和节点设计

下面就对照《江苏省装配式建筑（混凝土结构）施工图审查导则》（以下简称《导则》）的结构专业的审查内容，将本工程结构设计时采用 YJK 软件的实操部位、相关结构措施列表如下。

（1）《导则》4.2.1　基本要求

序号	标准及审查项	条文号	YJK 实操部位、结构措施
1	JGJ 1—2014：混凝土、钢筋和钢材	4.1.2	模型荷载输入 / 楼层组装 / 各层信息：
2	JGJ 1—2014：混凝土、钢筋和钢材	4.1.3	模型荷载输入 / 楼层组装 / 各层信息：
3	JGJ 1—2014：混凝土、钢筋和钢材	4.1.5	预制构件的吊环采用未经加工的 HPB300 级钢筋制作。吊环用内埋式螺母或吊杆材料符合国家相关标准规定
8	JGJ 1—2014：结构设计基本规定	6.1.1	满足第 1 条，本工程高度小于规范的最大适用高度
9	JGJ 1—2014：结构设计基本规定	6.1.3	7 度，乙类；抗震等级均按规范调整
10		6.1.4	7 度，乙类；抗震等级均按规范调整
11		6.1.6	计算时控制不规则项不超过 2 项。控制周期比 $T_3/T_1<0.9$；各层层间位移比 <1.4
15	JGJ 1—2014：结构设计基本规定	6.1.12	预制构件节点及接缝处后浇混凝土强度等级不低于预制构件的混凝土强度等级
16		6.1.13	预埋件和连接件等外露金属件按不同环境类别进行封闭或防腐、防锈、防火处理，并复核耐久性要求

序号	标准及审查项	条文号	YJK 实操部位、结构措施
17	JGJ 1—2014：结构分析	6.3.1	前处理/计算参数/装配式：
19	JGJ 1—2014：结构分析	6.3.4	前处理/计算参数/计算控制信息：
20	JGJ 1—2014：预制构件设计	6.4.1	1. 叠合板的计算：板施工图/计算：　　2. 叠合板吊装验算：板施工图/计算参数/叠合板参数/脱模吊装验算：
21		6.4.4	用于固定连接件的预埋件与预埋件吊件、临时支撑用预埋件不兼用

序号	标准及审查项	条文号	YJK 实操部位、结构措施
22	JGJ 1—2014：连接设计	6.5.1	施工图设计 / 预制构件施工图 / 专项验算 / 预制梁端抗剪：
23	JGJ 1—2014：连接设计	6.5.2	装配整体式结构中，节点及拼缝处的纵筋连接选用机械连接、焊接连接、绑扎连接等连接方式
26		6.5.5	预制构件与后浇混凝土的结合面设置粗糙面、键槽 顶面无凹口预制梁与后浇混凝土的结合面 $(3t \le w_1 \le 10t,\ 3t \le w_2 \le 10t)$

（2）《导则》4.2.2 框架

序号	标准及审查项	条文号	YJK 实操部位、结构措施
3	JGJ 1—2014：框架结构承载力计算	7.2.2	施工图设计 / 预制构件施工图 / 专项验算 / 预制梁端抗剪： 计算书：Pc Beam Shearl.txt 文件
5	JGJ 1—2014：框架结构构造设计	7.3.1	框架梁为现浇；部分次梁为叠合梁时，后浇混凝土叠合层厚度不小于120mm 矩形截面预制次梁

续表

序号	标准及审查项	条文号	YJK 实操部位、结构措施
6	JGJ 1—2014：框架结构构造设计	7.3.2	为方便施工，叠合梁箍筋通长采用开口箍筋加箍筋帽的形式 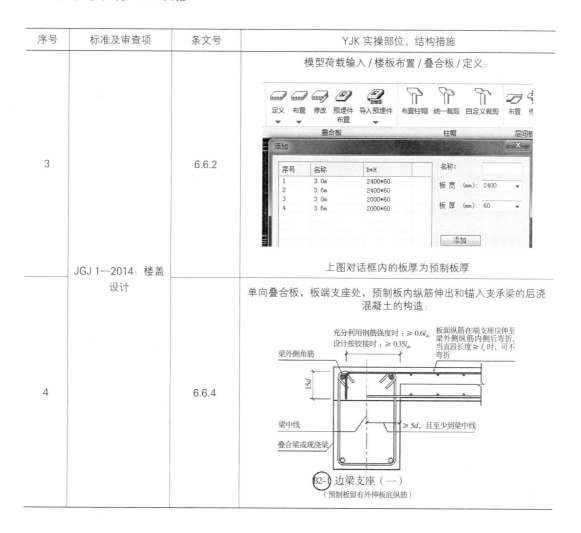
7		7.3.3	叠合梁对接连接时，后浇段内的箍筋加密，箍筋间距不大于 $5d$（d 为纵筋直径）且不大于 100mm
8		7.3.4	主次梁采用后浇段连接要求，给出节点详图
11		7.3.7	梁、柱纵筋在后浇节点区内锚固方式，给出节点详图

（3）《导则》4.2.4 其他

序号	标准及审查项	条文号	YJK 实操部位、结构措施
3	JGJ 1—2014：楼盖设计	6.6.2	模型荷载输入／楼板布置／叠合板／定义： 上图对话框内的板厚为预制板厚
4		6.6.4	单向叠合板，板端支座处，预制板内纵筋伸出和锚入支承梁的后浇混凝土的构造：

序号	标准及审查项	条文号	YJK 实操部位、结构措施
4		6.6.4	 ≥ 5d，且至少到梁中线　梁中线　≥ 5d，且至少到梁中线 叠合梁或现浇梁 (B3-1) 中间梁支座（一） （预制板留有外伸板纵筋）
5	JGJ 1—2014：楼盖设计	6.6.5	单向叠合板板侧的分离式接缝附加钢筋： 附加通长构造筋 ⌀8@200 板底连接纵筋 ≥ 15d　≥ 15d 密拼接缝
7		6.6.7	桁架钢筋混凝土叠合板选用国家建筑标准设计图集《桁架钢筋混凝土叠合板（60mm 厚底板）》15G336-1 中的底板型号： 200　600　400　600　200 2000

4 结语

绿色建筑和装配式建筑是建筑行业在新时代的大势所趋，相关规范和施工工法也日趋成熟，现行的设计计算软件能满足设计计算需要。房屋的设计工作是一盘棋，需要各个专业统筹进行，相互渗透，一体化设计。

10

◇ 绿容率引导下的深圳市中小学环境空间设计探析

郑懿

摘　要： 2019 版《绿色建筑评价标准》GB/T 50378—2019 在"创新与提高"项中，首次提出绿容率的概念。不仅契合城市高密度地区绿色空间存量更新、技术创新的需求，而且引导城市绿色空间趋于立体生态化、精细化。中小学环境空间设计也迎来了新的使命与挑战。本文立足于深圳，以绿容率为切入点，解释了绿容率的定义及作用。归纳出深圳具有典型代表性的两大环境影响因素：高密度的城市环境与湿热的气候环境。从这两大方面研究总结出深圳中小学的环境空间设计策略：1. 突破界线：学校建筑空间"见缝插绿"；2. 突破维度：学校建筑表皮"爬藤挂绿"，并有针对性地运用到笔者实际设计项目中。

关键词： 绿容率，深圳市中小学，环境空间

　　2019 版《绿色建筑评价标准》GB/T 50378 在"创新与提高"项中，首次提出"绿容率"的概念。绿容率作为近年来新兴的城市绿化水平衡量指标，不仅契合城市高密度地区绿色空间存量更新、技术创新的需求，而且引导城市绿色空间趋于立体生态化、精细化。高密度城区严重的空间供需矛盾推动了城市向空中发展，使得传统的绿地率这样的二维绿化指标显示出局限性，而绿容率作为一种衡量三维绿化的指标，解决了这个问题。

1　绿容率

1.1　绿容率定义

　　绿容率是指场地内各类植被叶面积总量与场地面积的比值。叶面积是生态学中研究植物群落、结构和功能的关键性指标，它与植物生物量、固碳释氧、调节环境等功能关系密切，较高的绿容率往往代表较好的生态效益。目前常见的绿地率是十分重要的场地生态评价指标，但由于乔灌草生态效益的不同，绿地率这样的面积型指标无法全面表征场地绿地的空间生态水平，同样的绿地率在不同的景观配置方案下代表的生态效益差异可能较大。绿容率指标的提出，将人们的绿化思维从二维引向三维，由绿化覆盖面积引向绿色空间占有量。不再强调单一的绿化形式，而是鼓励运用丰富的绿化形式来增加城市绿量。这其中体现了人们对植物功能认识的进一步提高，绿化不仅仅是为了美

化环境，其意义首先在于改善环境。

2019 版《绿色建筑评价标准》GB/T 50378 中给出了绿容率的简化计算公式：绿容率 =[（乔木叶面积指数 × 乔木投影面积 × 乔木株数）+ 灌木占地面积 ×3+ 草地占地面积 ×1]/ 场地面积。冠层稀疏乔木叶面积指数按 2 取值，冠层密集类乔木叶面积指数按 4 取值，乔木投影面积按苗木表数据进行计算，场地内立体绿化均可纳入计算。

1.2 增加绿容率的作用

1.2.1 海绵城市

丰富的绿化形式是通过对小规模的雨水控制，达到缓解雨水所产生的径流，是典型的从径流源头开始的暴雨管理方法。不占用土地资源，将绿化向空间延伸，有效利用雨水、植物、光电等资源，是典型的海绵城市理念应用模式，而屋顶绿化率是海绵城市指标中重要的单项指标。

1.2.2 缓解热岛效应

增加绿容率就是强调植物的空间占有量，绿化植物对太阳辐射有反射、吸收、穿透、将其大部分转化为潜热等能力，可大大地减弱太阳辐射强度，从而降低环境温度；另外绿化植物叶片由于蒸腾作用，不断为大气提供水蒸气，对空气起到降温增湿的效果。此外，植物还可通过控制和改变风速和风向，形成局部微风来加快空气的冷却过程。这些都极大地缓解热岛效应。而中小学建筑作为城市最重要的公共建筑之一，通过增加自身绿容率而改善周边环境形成小气候，不愧为一项回馈社会的壮举。

1.2.3 改善空气质量

植物是大气的天然过滤器，可通过自身的光合作用、蒸腾作用以及对有害气体的吸收等方式来调节、稀释、净化空气。绿化植物在生长的过程中通过光合作用使植物吸收二氧化碳释放氧气。有分析显示，每公顷绿化能产生 600kg 氧气，吸收 900kg 二氧化碳。此外，绿化植物通过降低风速，利用叶片能吸附大量的飘尘，可过滤和净化空气。将绿化向空间延伸，大大提高了植物滞尘的作用。据研究表明，花园式屋顶绿化平均滞尘量为 12.3g/m^2·年，简单式屋顶绿化平均滞尘量为 8.5/m^2·年。

1.2.4 降低噪声

噪声污染是影响中小学师生的学习和工作的重要污染之一，甚者影响身体、心理健康。在校园景观的设计中，声音景观也是重要一环。中国人喜欢回归自然，鸟语花香的环境更是具佳。而增加建筑绿容率所形成的浓厚绿叶层具有吸收音量、改变声音的传播方向、干扰音波等功能，当噪声声波通过浓密的藤叶时，约有 26% 的声波能量被吸收掉。

1.2.5 降低建筑能量消耗

建筑是碳排放的主要载体，增加建筑绿容率是节能减排的内涵之一。

据研究统计，夏季室内环境温度每降低 1℃，空调能耗将增加 5%~10%。另有研究表明，垂直绿化一般能使墙面温度降低 5~14℃，室内温度降低 2~3℃，可节约空调耗电量 20%~40%；此外，据测定，屋顶绿化在夏季可以降低顶层室内温度 2~3℃，并能吸收 95% 的热量，从而可节约 25% 的空调使用能源。在完成了立体绿化的建筑后，夏季室内温度大概可降低 3~4℃，空调能耗可降低 30%~45% 左右，空调的能耗消耗更小，起到的节能效果更明显。

2 深圳中小学环境影响因素

2.1 高密度城市环境影响因素

深圳土地狭小，高强度开发是建筑设计避不开的环境因素。随着深圳的不断发展，中小学校的开发强度也越来越高，对中小学校设计产生的影响也越来越明显。深圳中小学项目平均容积率高于2.0，绿地率要满足30%的要求。很多学校提高运动场来解决建筑需求问题，这使得传统绿地率难以达到绿化指标。

2.2 湿热气候环境影响因素

"一方水土，造就一方建筑"，在不同区域，因气候环境相差很大，建筑的环境适应性策略也不尽相同。深圳属亚热带海洋性气候，气候特征可概括为湿热多雨。根据深圳市气象局最新发布的《2018年深圳市气候公报》数据：2018年，深圳平均气温23.4℃；降水充沛，累计降水量1957.4mm；日照时间长，总日照时数1905.5h；湿度大，全年平均湿度为76%。

这样的气候特征造就了深圳拥有得天独厚的绿地面积与丰富的植被资源，其中大部分为乡土植物。我们在设计深圳许多中小学时，用地周边或内部均蕴含丰富的学校自然元素，为我们的设计保留了本土植物元素和自然的文化记忆。

3 绿容率引导下的中小学环境空间设计

深圳市中小学校建设的方法是"上天入地，解放地面"，向空中、向地下发展，创造更多的学生活动空间。在绿容率相关规划的引导下，我们展开了新一轮的中小学绿色空间实践，并把设计方法加以总结，这些设计方法包括突破界线、突破维度两个方面。

3.1 突破界线：学校建筑空间"见缝插绿"

建筑空间是中小学校最主要的空间。其绿化水平直接影响到校园整体绿化形象。针对建筑空间的绿化提升，主要策略可以概括为：突破界线限制，发掘一切微小空间和剩余空间"见缝插绿"；从细微处着手，提升建筑绿化总量。

值得一提的是，绿容率引导下的学校建筑空间绿化提升，虽然以利用零碎的微小绿化空间为主，破碎度较高，但是通过合理规划，仍然可以形成"纤维状微绿空间廊道"（图1），将有效改善建筑缺少绿化以及内部环境的问题，从而提高使用者对绿化空间的感知度和满意度。

3.1.1 激活学校实土绿地

实土绿地是中小学校绿化中重要组成部分，同时也是深圳目前大力倡导海绵城市、绿色建筑的重要指标，因此，激活学校实土绿地是提升学校整体绿容率的重要措施。绿容率为三维绿量，在实土绿地的绿化设计上应注重乔、灌、草的复层绿化设计，突出绿色植物。大面积草地不仅维护费用

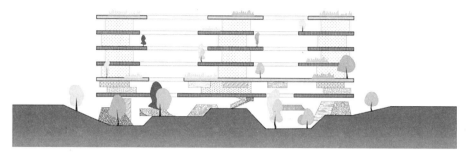

图1　纤维状微绿空间廊道

昂贵，其生态效益也远远小于灌木和乔木。所以，合理搭配乔木、灌木和草坪，以乔木为主，能够提高绿地的空间利用率、增加绿量，使有限的绿地发挥更大的生态效益和景观效益。乔、灌、草组合配置，就是以乔木为主，灌木填补林下空间，地面栽花种草的种植模式，垂直面上形成乔、灌、草空间互补和重叠的效果。例如，梧桐学校设计时，在围墙边上设计了芒果树 – 海桐、胡椒木、黄金叶、假连翘 – 日本星花、麦冬的搭配，一方面，使市政道路上的车辆和行人不对校园造成干扰，另一方面，在有限的实土绿地上尽可能丰富绿化层次，使其生态效益最大化（图2）。

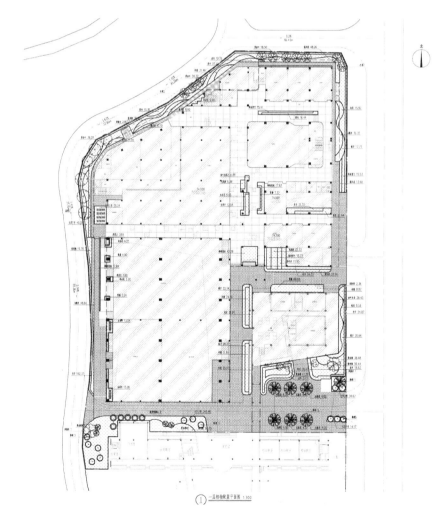

图2　梧桐学校一层植物配置图

3.1.2 挖掘学校建筑功能"剩余"空间

对中小学校建筑内部及架空层发展绿化时，除了评估是否允许容纳更多绿化之外，更多的是探索各种技术途径，利用建筑设施发展绿化。

（1）地下室绿化

中小学校地下室空间多为地下停车库、学生接送中心等功能。这些空间相对空气流通性较弱，汽车排放的尾气也会造成一定的空气质量不佳情况。一方面可以在地下室加开能通风的采光井，改善室内风和光环境；另一方面，可以在地下室增设花池，种植对一氧化碳、二氧化碳有净化作用的植物。由于地下室相对光线并不十分充足，选择耐阴及半耐阴为佳。例如，在汤坑小学的地下停车库设计中，在车库入口坡道下方设计了花池，种植肾蕨、鸭脚木、冷水花等植物，这些都是对一氧化碳、二氧化碳有着明显净化作用的植物（图3）。

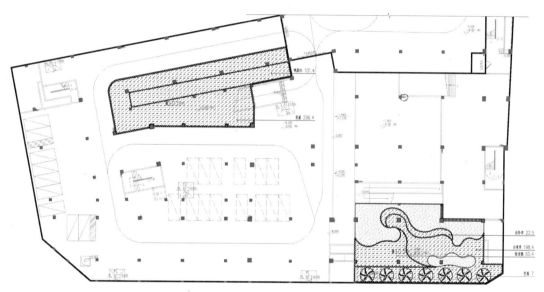

图3　汤坑小学的地下停车库植物配置图

（2）架空层绿化

在高密度开发的模式下，架空绿化在中小学校园中几乎是绿化面积最大的绿化空间，架空层也是学生课间活动最为集中的区域。架空层空气流通性较好，但由于建筑遮挡的关系，架空层内绿化并不能全天接收到阳光的照射。所以在设计中小学架空层绿化时，应进行日照分析，根据日照的不同区域进行植物的选择。架空层南向的直射光线最多，时间最长，可种植观赏植物；架空层东、西向直射光线次之，多为散射光，可种植耐半阴植物；架空层北面和内部角落位置，光线较弱，宜种植喜阴植物。架空层比较容易形成"过道风"，选择的植物应具有抗风能力。架空层内不宜种植超过2m高的植物，且要进行适当修剪，保证空气的流通。

在架空层绿化的设计上，有非常多的形式。例如，平湖中学入口（图4）就是在建筑的架空层内，利用高差设计入口形象，台阶加上阶梯式花池，花池种植观赏性强的植物，如：胡椒木、花叶假连翘、黄金榕等；木棉湾学校的架空层设计（图5），架空层的空间要留给学生进行体育活动，则采用了垂直绿化的形式，将绿化上柱、上墙。在满足有限活动空间的情况下，为架空层空间带来了一丝绿意和凉意；在汤坑小学架空层（图6）设计中，采用了"镂空树池"的设计，正常情况下，种植乔木所需的覆土厚度为1.2m，为了植物后期养护，在设计上都会预留1.5m的覆土空间，设计树池的位置，结构精准降板1m，这样树池就不会突出地面很多，在树池周边设计座椅，把座

图 4　平湖中学入口

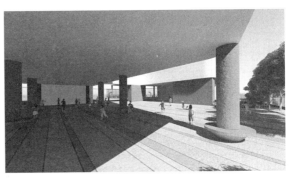

图 5　木棉湾学校架空层

图 6　汤坑小学架空层效果图

椅底下打开，形成通风采光的功能性景观。既为学校的中庭空间种植乔木改善小气候，又能为下一层提供良好的通风与采光，更为学生课间提供一个放松休闲的绿意盎然的空间（图 7）。

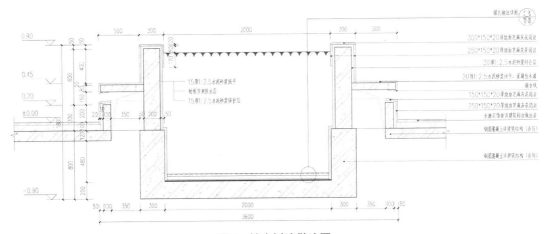

图 7　镂空树池做法图

（3）屋顶绿化

屋顶绿化率是海绵城市指标中重要的单项指标，屋顶绿化也是解决城市 PM2.5 的重要手段。屋顶绿化大致又可以分为简单式、简花式以及花园式 3 类屋顶绿化形式，这 3 种形式都具有良好的视觉效果，同时对房屋建筑起到保护、保温等作用。在中小学的屋顶绿化设计上存在着一些矛盾点，一方面，在这高密度开发的环境中，中小学校园的活动十分有限，屋顶面积较大，能够承担起拓展学生活动空间的场所；另一方面，屋顶存在安全隐患，校方不愿意将学生引向屋顶。在这样的条件下，在进行中小学校园屋顶绿化设计时，我们多数选择是简单式的屋顶绿化，但在个别学校的设计中，在保证安全的情况下也做了大胆的尝试。例如，大鹏二小的综合体育馆屋顶（图8），屋顶位于运动场边，我们利用屋顶设计了运动场的观景平台，同时也是学生课间活动的重要场地；汤坑小学的屋顶（图9）设计，我们结合学校自然课教学设置了植物园，学生可以在老师的带领下享受寓教于乐的课堂时光。

图 8　大鹏二小的综合体育馆屋顶

图 9　汤坑小学的屋顶

3.2 突破维度：学校建筑表皮"爬藤挂绿"

突破传统的二维平面思路，绿容率引导下的绿化建设重视竖向发展。从人的视线角度，在建筑物的外立面发展绿化，即墙面绿化，是提升中小学建筑空间绿意最高效的手段。种植攀缘植物是实现墙面绿化最简单的方法。

3.2.1 挑台绿化

挑台绿化是在中小学校园中运用最广泛的绿化形式，也是离人尺度较近的绿化形式。挑台绿化应该与建筑立面设计相结合，挑台绿化能给建筑带来生命力与活力，如教师办公室、教室外的窗台绿化，走廊外的花池绿化。挑台绿化多选用观赏性强的植物。挑台绿化是比较近人尺度的绿化形式，在植物的选择上不要选择带刺的植物。例如，梧桐学校的挑台绿化用的是云南黄素馨，即为冷静的建筑增添一丝暖意，花期在春季，又有一年之计在于春的寓意；汤坑小学的挑台绿化则选择了天门冬，日后长茂盛时垂下来，建筑外立面给人带来生态自然的感觉。

3.2.2 垂直绿化

周边场地产生的噪声对中小学校园有着不小的影响，垂直绿化有助于降低噪声穿过绿墙和经绿墙产生的回音，从而降低室内的噪声。垂直绿化植物的选择，应考虑植物的生长形式、光照以及面临的风力等。朝向对垂直绿化的植物选择也有重要的影响，东南向的墙面应种植喜阳的植物；北向的墙面应种植耐阴及半耐阴的植物。绿化墙越靠下的位置灌溉时能获得的水越多，在选择植物时应考虑水量的变化。例如木棉湾学校（图10、图11），就采用了大面积的垂直绿化来削弱市政给校园带来的噪声污染，同时也很好地解决了建筑西晒的问题。

图10　木棉湾学校立面　　　　　　　　　　图11　木棉湾学校立面

综上所述，绿容率作为衡量和引导深圳市中小学绿色空间发展的重要指标，有利于适时引导实土绿化、微绿空间绿化与立体绿化发展，有助于推进各类附属绿化空间的设计实践，是传统的绿地率等指标的必要补充。呼应当今高密度城区的绿化发展趋势与社会健康需求，每个中小学校都有自己独特的校园文化，一个好的中小学校园绿色空间的设计，还要结合其独特的校园环境，遵循生态的、科学的植物配置原则，创造出优美的具有其独特魅力与气质的校园景观。

参考文献

[1]　中华人民共和国住房和城乡建设部、中华人民共和国国家质量监督检验检疫总局.绿色建筑评价标准 GB/T 50378—2019〔S〕.北京：中国建筑工业出版社，2019.

中小学校绿色校园环境设计目标及相应技术措施

◇ 施薇

摘　要： 创造健康、舒适、优美的校园环境，对于学生的身心健康和学习效率至关重要。本文从《绿色校园评价标准》GB/T 50378 中"环境与健康"指标评分入手，分别从声环境、光环境、热湿环境、空气质量、水环境、绿化环境几个方面对中小学校绿色校园环境设计的目标及相应的技术措施作了介绍。

关键词： 隔声构造，观景窗，采光窗，绿色雨水设施，立体绿化

1　中小学校校园环境的构成和重要性

1.1　中小学校校园环境的构成

广义的物质层面的环境主要包括自然环境和人工环境。自然环境是指未经过人的加工改造而天然存在的环境；人工环境是指在自然环境的基础上经过人的加工改造所形成的环境，或人为创造的环境。中小学校的校园环境既包括自然环境，也包括人工环境，主要由声环境、光环境、热湿环境、空气质量、水环境、绿化环境、健康环境等构成。

1.2　中小学校校园环境的重要性

校园环境构成了师生们每天学习和活动的空间场所，它的质量好坏，对师生的教学、活动等起着决定性的作用。营造健康、舒适、优美的校园环境，对于提升学生的学习效率和身心健康水平至关重要。

2　中小学校校园声环境设计目标及技术措施

2.1　设计目标

主要教学用房及辅助教学用房的室内噪声级及围护结构隔声性能、各类教学用房混响时间

应符合《民用建筑隔声设计规范》GB 50118 及《中小学校设计规范》GB 50099 的有关规定（表 1、表 2）。

各类教室室内允许噪声级   表 1

房间名称	允许噪声级（A 声级，dB）
语言教室、阅览室	≤ 40
普通教室、实验室、计算机房	≤ 45
音乐教室、琴房	≤ 45
舞蹈教室	≤ 50

各类教室混响时间   表 2

房间名称	房间容积（m³）	空场 500~1000Hz 混响时间（s）
普通教室	≤ 200	≤ 0.8
	>200	≤ 1.0
语言及多媒体教室	≤ 300	≤ 0.6
	>300	≤ 0.8
音乐教室	≤ 250	≤ 0.6
	>250	≤ 0.8
琴房	≤ 50	≤ 0.4
	>50	≤ 0.6
健身房	≤ 2000	≤ 1.2
	>2000	≤ 1.5
舞蹈教室	≤ 1000	≤ 1.2
	>1000	≤ 1.5

2.2 技术措施

2.2.1 减轻来自建筑外部的噪声

在校园总平面规划设计时注意对噪声源的减噪距离，如主要教学用房窗户的外墙与高速路、地上轨道交通线或城市主干道的距离不小于 80~300m 等；尽量将对噪声不敏感的部分如操场、食堂等对外布置，将对噪声敏感的部分如教学楼、办公楼等对内布置；使主要教学用房与噪声源保持足够距离，如当教室有门窗面对运动场时，教室外墙至运动场的距离保持至少 25m；当背景噪声不能满足要求时采取隔离降噪措施，常用的有增加绿化带宽度、设置吸声屏障，在室内设置双层窗、吸音窗帘等（图 1、图 2）。

2.2.2 减轻室内产生的噪声

对教学楼内产生噪声的房间，如设备用房、音乐教室、舞蹈房等采取隔声隔振措施，常用隔声处理包括吊顶、地面和墙体隔声处理（图 3~ 图 5）；在公共区域顶棚设置吸声材料；选用隔声性能好的建筑构件等。

图 1 吸声屏障

图 2 双层隔声窗

（a）

（b）

减振吊钩 楼板

龙骨吊挂件 吊顶龙骨

吸音材料（吸音棉） 双层石膏板（中间隔声材料）

图 3 隔声吊顶构造

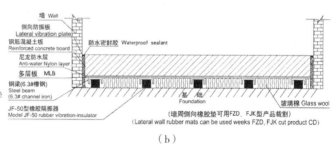

踢脚板
墙边隔音垫
水泥或轻型墙体
精装地板层
水泥砂浆浮筑楼板层
静音宝浮筑楼板隔音垫
预置混凝土楼板层

墙 Wall
侧向防振板
Lateral vibration plate
钢筋混凝土板
Reinforced concrete board
尼龙防水层
Anti-water Nylon layer
多层板 MLB
钢梁(6.3#槽钢)
Steel beam
(6.3# channel iron)
JF-50型橡胶隔振器
Model JF-50 rubber vibration-insulator

防水密封胶 Waterproof sealant

基 地
Foundation

玻璃棉 Glass wool

（墙周侧向橡胶垫可用FZD、FJK型产品裁割）
（Lateral wall rubber mats can be used weeks FZD, FJK cut product CD）

（a） （b）

图 4 隔声地面构造

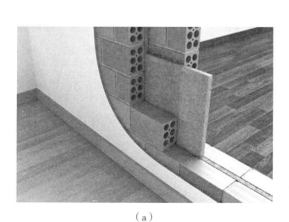

（a）

防火密封胶

U 龙骨

D 龙骨

防火板

平头自钻螺栓

防火板

隔音棉

U 龙骨

（b）

图 5 隔声墙体构造

2.2.3 对音乐教室、多功能厅、体育馆等的专项声学设计

对音乐教室、多功能厅、体育馆等进行专项声学设计，以满足混响时间要求，如图6所示。

图6 体育馆顶棚的空间吸声体

3 校园光环境设计目标及技术措施

3.1 采光

3.1.1 设计目标

教学用房工作面或地面上的采光系数和采光窗洞口面积符合《中小学校设计规范》GB 50099及《建筑采光设计标准》GB 50033 的有关规定（表3）。

教学用房采光系数和窗地面积比   表3

房间名称	规定采光系数的平面	采光系数最低值（%）	窗地面积比
普通教室、史地教室、美术教室、书法教室、语言教室、音乐教室、合班教室、阅览室	课桌面	2.0	1：5.0
科学教室、实验室	实验桌面	2.0	1：5.0
计算机教室	机台面	2.0	1：5.0
舞蹈教室、风雨操场	地面	2.0	1：5.0
办公室、保健室	地面	2.0	1：5.0
饮水处、厕所、淋浴	地面	0.5	1：10.0
走道、楼梯间	地面	1.0	—

3.1.2 技术措施

（1）由于顶部采光能为教室带来更稳定、均匀的自然光照，故条件允许的情况下尽量选择顶部天窗采光。可将对光线需求高的房间安排在顶层，也可利用错层等手法创造更多可开天窗的屋面。屋顶垂直天窗（俗称"老虎窗"）的效果更为理想，防水效果也更好。可在垂直天窗内部设置挡板，有助于均匀分布光线，消除潜在的眩光问题（图7）。

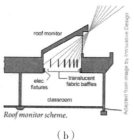

（a）　　　　　　　　　　　　　　　　（b）

图7　北卡罗来纳州史密斯中学朝南的屋顶垂直天窗（天窗内设置挡板消除眩光）

（2）在进行侧窗设计时，可将"观景窗"与"高侧采光窗"分开设置，增大"高侧采光窗"的面积，减小"观景窗"的面积，这样可以使自然光在教室内传播得更深远，降低临窗位与教室深处的照度差，同时减少直射光的影响（图8）。此外还可以设置反射板、百叶、遮阳帷幕和扩散体等光线控制装置调节日光，改善室内的自然光分布（图9）。

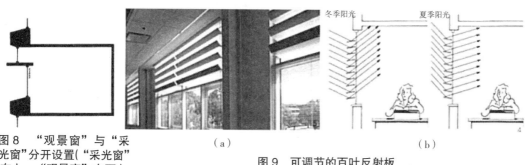

图8　"观景窗"与"采光窗"分开设置（"采光窗"在上，"观景窗"在下）

（a）　　　　　　　　　　　　　　　　（b）

图9　可调节的百叶反射板

3.2　照明

3.2.1　设计目标

主要教学用房作业面及参考面的照明设计值满足《中小学校设计规范》GB 50099及《建筑照明设计标准》GB 50034的相关要求，同时控制眩光，改善照明舒适度（表4）。

教学用房照明标准值　　　　　　　　　　　　　　　　表4

房间名称	规定照度的平面	维持平均照度（lx）	统一眩光值UGR	显色指数Ra
普通教室、史地教室、书法教室、音乐教室、语言教室、合班教室、阅览室	课桌面	300	19	80
科学教室、实验室	实验桌面	300	19	80
计算机教室	机台面	300	19	80
舞蹈教室	地面	300	19	80
美术教室	课桌面	500	19	90
风雨操场	地面	300	—	65
办公室、保健室	桌面	300	19	80
走道、楼梯间	地面	100	—	—

3.2.2 技术措施

（1）荧光灯采用高频镇流器或采用其他护眼照明灯等。

（2）消除灯具眩光：使用表面亮度较低的光源；在灯下安装格栅；为灯具配半透明的灯罩或棱镜罩（图10、图11）。

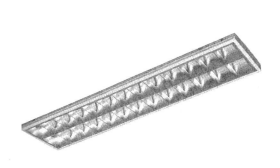

图10 格栅灯具

图11 灯具漫射罩

4 校园热湿环境设计目标及技术措施

4.1 室内热环境

4.1.1 设计目标

建筑围护结构内表面无结露、发霉等现象；具备合理的自然通风措施；室内温度、湿度、空气流速等参数满足设计要求，并符合《民用建筑供暖通风与空气调节设计规范》的规定；采用集中空调时，新风量符合国家现行有关标准的规定。

4.1.2 技术措施

（1）教学楼应尽量选择南、北向为开窗主朝向，南北方向偏角控制在15°以内，尽量避免东、西朝向。当不得不选择东、西向为主朝向时，应尽量降低开窗率，并采取遮阳等措施。

（2）教学楼宜采取较为紧凑的体形，以减少室内外热交换面面积，围护结构材料应优先选用传热系数低的重质墙体和节能门窗等。

（3）根据常年风向布局建筑，适当加大开窗面积和建筑层高以加强通风效果；或利用中庭或楼梯间竖井的"烟囱效应"通风（图12）。

（4）合理设置遮阳设施，避免夏季阳光直射造成室内温度过高（图13、图14）。

4.2 室外热环境

4.2.1 设计目标

设计目标为降低校园热岛强度。

（a）

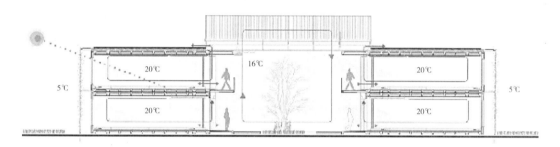

（b）

图 12　中庭冬季通风效果

图 13　中庭遮阳

图 14　外墙遮阳

4.2.2　技术措施

（1）布置绿化、构筑物等提供遮阴，或利用景观水体降温（图 15）。

（2）控制道路路面、建筑屋面的太阳辐射反射系数，如屋顶采用浅色面砖或增加热反射涂料。

（3）采用屋面绿化、墙面绿化等降温措施，如在东西山墙种植攀缘植物（图 16）。

图 15 花架遮阴

图 16 墙面攀缘植物

5 校园空气质量设计目标及技术措施

5.1 设计目标

各类功能建筑室内空气中的氨、甲醛、苯、总挥发性有机物、氡等污染物浓度应符合《民用建筑工程室内环境污染控制规范》GB 50325—2010 及《中小学校设计规范》GB 50099 的有关规定；教学期间，主要功能房间内 PM2.5 和 PM10 年平均浓度控制在一定水平下；校园内实行全面禁烟。

5.2 技术措施

（1）选用符合国家标准的绿色建筑和装饰材料，在满足功能的基础上，装修尽可能简单。

（2）在主要教学用房及其他人员密集区域设置室内空气质量监控系统，对室内污染物浓度进行数据采集、分析、报警，并与通风系统联动。

（3）在室外空气质量较差时，增强围护机构气密性能，同时增加室内空气净化装置。对于具有集中通风空调系统的建筑，对通风系统及空气净化装置进行合理设计和选型，使室内具有一定正压（图17）；对于无集中通风空调系统的建筑，可采用空气净化器或户式新风系统控制室内颗粒物浓度。

（4）学校不设置吸烟区，在校内显眼位置设立禁烟标识。

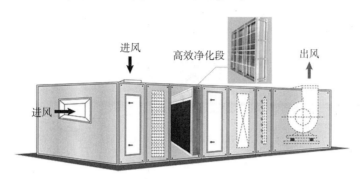

图17 空气净化装置结合通风系统

6 校园水环境设计目标及技术措施

6.1 设计目标

合理控制校园场地内地表水水质，至少满足《地表水环境质量标准》GB 3838规定的V类水质标准要求（表5）。

水质标准分类 表5

I 类	主要适用于源头水、国家自然保护区
II 类	主要适用于集中式生活饮用水地表水源地一级保护区、珍稀水生生物栖息地、鱼虾类产卵场、仔稚幼鱼的索饵场等
III 类	主要适用于集中式生活饮用水地表水源地二级保护区、鱼虾类越冬场、洄游通道、水产养殖区等渔业水域及游泳区
IV 类	主要适用于一般工业用水区及人体非直接接触的娱乐用水区
V 类	主要适用于农业用水区及一般景观要求水域

6.2 技术措施

（1）优化城市排水系统，合理布局工、农业，加强监测，控制周边工业废水、生活污水不达标排放，防止土壤中残留化肥、农药随农业回归水、降雨径流等进入水体造成污染。

（2）采用低影响开发技术，设置透水铺装、绿化屋面、下凹式绿地、雨水花园、植草沟、渗透塘等绿色雨水设施控制场地内雨水径流，减少径流污染，保持水环境（图18~图20）。

图18 下凹式绿地

图 19　雨水花园　　　　　　　　　　　　图 20　植草沟

（3）采用生物膜法、人工湿地等技术对水体进行生态修复（图21）。

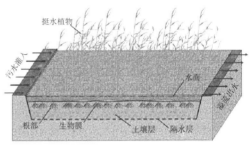

（a）　　　　　　　　　　　　　　　（b）

图 21　人工湿地修复技术

7　校园绿化环境设计目标及技术措施

7.1　设计目标

因地制宜，选用耐候性强、病虫害少、对人体无害的植物。

7.2　技术措施

（1）采用乔木、灌木、草坪、花卉结合的复层绿化，结合地形特点，运用高、中、低三个层次相结合的方法提高绿化覆盖率（图22）。

（2）植物配置充分结合本地区植物资源，突出地方特色，种植区域的覆土深度和排水能力需满足植物生长需求。

（3）采用屋顶绿化、外墙绿化、阳台绿化等立体绿化方式（图23~图26），并设置种植园、小动物饲养园等（图27）。

（a）　　　　　　　　　　　　　　　　　　（b）

图 22　乔、灌、草复合绿化

图 23　板槽式外墙绿化　　　　　　　图 24　模块式外墙绿化

图 25　悬挂式阳台绿化　　　图 26　种植槽式阳台绿化　　　图 27　屋顶葡萄种植园

参考文献

[1]　刘宇波，刘彬艳，王梦蕊.基于自然光环境改善的青少年教育空间设计探索 [J]. 建筑技艺.
2019.

[2]　赵华，高辉，曹迎春，姚鑫.教学建筑侧窗自然采光策略 [J]. 新建筑.2009.

[3]　梁宇成.中国夏热冬冷地区高密度城区中小学立体绿化设计研究 [D]. 武汉：华中科技大学，
2017.

图片来源

图 1：http：//m.hbmeiguang.com/liaoning/spzxl

图 2：https：//www.sohu.com/a/121532721_442038

图 3：https：//www.sohu.com/a/359548495_350125

图 4：http：//tushuo.jk51.com/tushuo/3670750_p3.html

图 5：http：//hn.qq.com/a/20190812/004155.htm

图 6：http：//www.cntrades.com/shop/gong1997/sell/itemid-222994487.html

图 7：刘宇波，刘彬艳，王梦蕊.基于自然光环境改善的青少年教育空间设计探索 [J].建筑技艺.2019.

图 8、图 9：赵华，高辉，曹迎春，姚鑫.教学建筑侧窗自然采光策略 [J].新建筑，2009.

图 10：https：//b2b.88152.com/show-843720.html

图 11：http：//jiancai.jiaju.sina.com.cn/chanpin-1786798.html

图 12：https：//www.sohu.com/a/130039370_329090

图 13：http：//www.qy6.com/syjh/showbus11455226.html

图 14：http：//www.bokee.net/bloggermodule/blog_viewblog.do?id=38097113

图 15：https：//sucai.redocn.com/jianzhu_274

图 16：http：//www.mafengwo.cn/i/9099677.html

图 17：http：//www.c-c.com/sale/view-47365454.html

图 18：https：//www.sohu.com/a/152855070_807926

图 19：https：//www.sohu.com/a/314565257_759141

图 20：http：//k.sina.com.cn/article_2056346650_7a915c1a020007ch1.html?cre=tianyi&mod=pcpager_society&loc=31&r=9&doct=0&rfunc=100&tj=none&tr=9

图 21：https：//m.sohu.com/a/270423908_100044954

图 22：http：//edu.cnr.cn/ynjyxl/yn/wsz/wsxx/200908/t20090831_505450903.html?S=9507i

图 23~ 图 27：梁宇成.中国夏热冬冷地区高密度城区中小学立体绿化设计研究 [D].武汉：华中科技大学，2017.

12

基于"绿容率"理念下的绿色校园生态设计

陈雪玲

摘　要：随着我国《绿色校园评价标准》GB/T 51356—2019 以及《绿色建筑评价标准》GB/T 50378—2019 批准实施，前者对绿色校园提出科学的评价内容和指标，为绿色校园生态设计提出明确的评价要求，指导校园规划设计；后者则首次明确绿容率指标的内涵，有助于更科学地评价绿地空间生态水平，完善绿地评价指标。本文以绿色校园的绿容率评价为切入点，通过探讨在新评价标准下如何提高校园绿地生态效益，尝试提出有效指导绿色校园生态设计的方法。

关键词：绿地，绿量，绿容率，绿色校园，生态设计

1　引言

1.1　国内绿色校园发展状况

1972 年斯德哥尔摩人类环境会议上，"绿色校园"的理念首次提出，国外数十所著名高校已在绿色校园建设领域进行了实践并积累了丰富的经验。国内绿色校园建设起步较晚，于 1996 年《全国环境宣传教育行动纲要》中首次提出。2008 年中国教育部发表《建设可持续发展校园宣言》，提出将大学校园建设成资源节约、环境优美、生态良性循环的模范社区，引领和促进社会的可持续发展。2016 年，中国绿色校园设计联盟成立大会暨首届中国绿色校园发展研讨会在深圳召开，以"规划绿色校园，创建未来大学"为主题，发出中国绿色校园发展倡议，以绿色发展引领教育风尚，把学校绿色发展提到重要战略地位，推动构建绿色校园建设服务体系，加快启动绿色校园评价，全面服务国家绿色发展战略。2019 年 10 月 1 日，《绿色校园评价标准》GB/T 51356—2019 批准实施，为我国开展绿色校园评价工作提供技术依据，弥补了国内绿色校园评价领域的空白。标准从绿色校园的维度出发，针对学校的不同类型分别设定评价内容及指标，具有较强的针对性，符合校园重在"园"而非"单体建筑"的特点，标准整体体系体例上合理，体现了中国校园的特征及要点，便于绿色校园的进一步实施和管理。

1.2　规划设计过程中提高绿地生态效益

根据《绿色校园评价标准》GB/T 51356—2019 中的评价标准要求，绿色校园评价指标体系应由规划与生态、能源与资源、环境与健康、运行与管理、教育与推广 5 类指标组成，其中绿地在规划与生态指标评分中占比最高，作为绿色校园规划与生态设计评价的重点之一。目前校园绿化水平的主要指标有绿地率、绿化覆盖率等，此类面积指标无法全面表征场地绿地的空间生态水平，绿容率指标在《绿色建筑评价标准》GB/T 50378—2019 中正式提出，完善了绿地生态评价方式。

2　概念

2.1　绿色校园

绿色校园是指为师生提供安全、健康、适用和高效的学习及使用空间，最大限度地节约资源、保护环境、减少污染，并对学生具有教育意义的和谐校园。

绿色校园既注重资源的节约利用，同时也关注校园舒适环境的营造，强调校园建设应按照自然生态的原则，实施校园建设与环境之间的协调发展，创造人与自然之间和谐共生的"平衡"境界。

2.2　绿容率指标体系

本指标体系采用赵惠恩、饶戎在《科学建立绿容率规划指标体系优化绿色建筑的生态功能标准》一文的理解，文中指标体系包括三个部分：第一部分为绿地率及绿化覆盖率，沿用原有的绿地评价指标；第二部分为绿量、绿量率，是衡量绿地本身的生态效益以及绿化水平的指标；第三部分是绿容率及绿化建设指数，将绿地建设与城市规划建设结合起来。

2.2.1　绿量（Green Area）

绿量是植物全部叶片的 1/2 总面积。包括以下两种类型。

（1）建筑物绿化绿量：包括屋顶绿化、垂直绿化及室内绿化，其生态效益不及地面植被，它的绿量计算应乘以系数。暂定为 0.2~0.4。

（2）草坪：尽管草坪的叶面积系数很大，但其生态效益较同面积乔木和灌木的生态效益差异较大，而且绝大多数草坪需要人工灌溉，耗水相对较大，因此它的绿量计算也乘以系数。暂定为 0.4。

2.2.2　绿量率（Green Ratio）

简称 Gr，是另一个衡量绿地生态系统的生态效益的指标，也称叶面积指数（LAI），指单位面积内植物 1/2 的总叶面积。其含义为：单株植物的绿量率，可反映某植物单位面积上绿量的高低，相同面积上选用绿量率高的植物，可提高总绿量。相同面积上绿量率的高低，说明其上植物群落乔、灌、草的总绿量的高低。无单位。

2.2.3　绿容率（Green Volume Ratio）

简称 Gv，也称绿量容积率，指某规划建用地内，单位土地面积上植物的总绿量。因为是一个比值,无单位。它与建筑学中的容积率相似,容积率为建筑面积除以用地面积,绿容率为绿量除以用地面积。

在绿容率体系中,绿量的指标涉及单株绿量、群落绿量、地块绿量的计算模型和数据统计模型。统一的绿容率指标体系涉及一个区域地块生态规划中的自然区域和城市区域,统合了生态规划、传统的常规指标与生态登记控制指标、规划的常规指标、城市容度指标并构成技术体系。

3　校园生态设计创建绿容率指标评价的意义

生态校园规划需要适宜的绿地生态设计策略提供指导,有助于在规划设计过程中构建生态校园的体系框架,为进一步实现绿色校园的建设运营提供良好的基础条件。

3.1　完善绿色校园绿地生态设计评价工具

目前,国内《绿色校园评价标准》已经编制实施,无论是中小学评价部分还是普通高校评价部分,对校园绿地生态设计认识方面仍显局限,常用的绿化指标并不能真实反映校园绿地的生态效益,难以有效地评价、管理和控制校园生态系统。绿容率指标体系作为一种约束绿化内涵和提高绿地生态功能的重要标准依据,从本质上与以往的绿地建设指标不同,不仅可为校园绿地系统建设定性,也可为校园绿地系统建设定量,还能为校园绿地系统生态功能提供科学的标准化动态参照。该指标符合绿色校园指标测度特点,弥补了原来指标的不足。此外,创建与完善校园绿容率指标系统和生态学原则,可以为校园精确规划、科学行政提供支持和指导,还可以约束建设的形式与质量,提高生态规划对校园生态的可操作性。

目前,常见的绿地率是较为重要的场地生态评价指标,但由于乔灌草生态效益的不同,绿地率此类面积型指标无法全面表征场地绿地的空间生态水平,相同的绿地率采用不同的景观配置方案其代表的生态效益差异可能较大,因此,绿容率可作为绿地率的有效补充。

3.2　优化绿色校园的生态功能标准

根据现行绿色校园指标的发展及现状,现行指标中存在口径不一,指标不客观,数据有失科学性、严肃性等问题。校园生态指标把控的核心和重点应从指标选定、统计方法、评价标准等方面进行探讨,提出应尽快统一绿地指标的统计口径、增加绿容率作为辅助指标,以便于构建内外一体的生态指标体系。建立绿容率指标体系,科学配置植物群落,提高植物系统降噪、除尘、杀菌、放氧、固碳等生物功能,净化校园生态环境,最大限度提高校园的绿地质量,为优化绿色校园的生态功能提供良好生态环境。

3.3　为校园绿地生态设计提供依据

目前,常用的绿化率和绿化覆盖率等指标所涉及的是平面量管理和土地面积规模控制,无法引导与约束绿地质量和绿地效益,绿色校园评价体系对绿色生态管理的科学性和评价深度仍显不足。通过分析校园绿化环境评价指标体系,从绿化环境建设角度为校园绿地生态设计提供参考。

校园绿化环境评价指标体系表 表1

序号	指标系数	压力指标	状态指标	改进指标
1	绿化面积	人均绿地面积	绿地面积 / 人口总数	绿地面积的变化
		绿地覆盖率	绿地面积 / 总面积	立体绿化
		绿化覆盖率	绿化面积 / 总面积	活动绿地
2	空间格局	斑块数	校园内斑块的总数	提高破碎程度 均匀分布
		斑块平均面积	斑块总面积 / 斑块数	
		斑块形状指数	$D=L(2\pi A)^{-1/2}/2$ [a]	
		最小距离指数	$NNI=MNND / ENND$ [b]	
		破碎化指数	$FN=(NP-1) / NC$ [c]	
3	结构特征	丰富度指数	$R=T/T_{max}$ [d]	增加植物种类
		均匀度指数	$E=-\sum P_i \ln(P_i) / \ln(n)$ [e]	采用种间间作
		优势度指数	$D=H_{max}+\sum P_i \ln(P_i)$ [f]	延长食物链
		季相指数	绿色天数 /365 [g]	调整四季景观变化
		生态位（垂直结构）	不同植物种类的高度	注重生态位
		植物覆盖度	植物地上部分垂直投影面积 / 样地面积	改进层次性
4	性能评价	绿效益	单位面积的经济产出	调节温度和湿度 净化空气、水体、土壤 保证自然采光 保证空气流通 吸收有害气体、烟尘和粉尘总量
		生态效益	减低风速大小比例	
			环境空气中 $SO_2/NO_2/TSP$ 浓度对比	
			温度和湿度对比	
			采暖、采光、通风程度与质量对比	
			噪声声级数对比	
		美学效益	景观优美度	

从表1可见,绿色校园绿地设计应结合绿化面积、空间格局、结构特征及性能评价四大方面进行,可通过提高绿地面积,增加活动绿地和立体绿化的面积,提高绿量改善绿色环境;通过提高斑块绿地空间的破碎程度,力求均匀分布,增加斑块绿地的多样性;通过增加植物种类、注重生态位及改进层次性实现绿化在垂直和水平空间的利用程度;充分发挥校园绿地的功能,实现其绿效益、生态效益、美学效益,最终实现科学引导和改善绿色校园生态设计的目标。

4 校园绿地生态设计的难点

4.1 旧绿地评价指标不够全面，补充指标广泛应用难

绿化指标是评价校园园林绿化水平和环境质量不可或缺的手段,同时也是城市规划建设管理水平、居民生活水平、对环境重视程度的一个反映。生态绿地系统科学的规划、管理和评价指标能真实反映环境中绿色面积能发生实际效应的生物量、生态效率以及生态功能,对分析校园的绿化结构

和估算绿地的生态效益效果尤其明显。现有校园设计绿地系统规划应用的指标,即绿地率、绿化覆盖率、人均绿地面积等,在校园绿地建设中无法反映绿地中绿色面积能发生实际效应的生物量、生态效益以及生态功能。

随着"绿容率"指标体系的提出,可更科学合理地评价绿地生态效益,完善了绿地系统评价。但新指标与植物群落配置、生长树龄等密切相关,且地区植物种类、气候条件等差异较大,各地需利用常用数学模型计算该地区的推荐植物群落配置最小比例。在实际操作中,能真正完成数据统计成库的却没有几个地区,推广难度较大。《绿色建筑评价标准》GB 50378 第九条加分项中提出场地绿容率要求,分值不高,对于广泛应用及引起社会重视仍存在一定的难度。

4.2 新绿地评价指标易导致过度追求绿量

《绿色建筑评价标准》GB 50378 阐述,绿容率是指场地内各类植被叶面积总量与场地面积的比值。绿容率简化计算公式为:绿容率 =[∑(乔木叶面积指数 × 乔木投影面积 × 乔木株数)+ 灌木占地面积 ×3+ 草地占地面积 ×1]/ 场地面积。从以上简化计算方法来看,提高绿量和增加绿地面积可实现高绿容率。在单位面积绿地里,植物叶面积越大,绿量越大,绿容率则越大。在校园绿地面积相对稳定的前提下,容易导致为了追求绿地生态效益而盲目提高绿量。过度追求绿量的结果往往是忽视了场地空间和美感的实现,不利于校园文化及环境建设。

因此,在校园绿地生态设计中,不仅需为绿地系统建设定量,还要以生态学为基础,科学地规划地块的绿容率,并指导校园绿地空间设计。

4.3 新指标形成核心控制体系需要多学科多领域支持

以绿容率为核心的绿地控制系统体系是依托 GIS 数字信息系统的动态运行,有利于绿容率在校园生态设计乃至城市生态规划中起核心的指导作用、实施作用、管理作用和评价作用,有利于实现生态效益和校园生态承载等重要生态指标的对应与协调配套。绿容率除了在生态规则中应用外,也可作为国土、森林、土地和城市绿地系统建设设计的管理指标运用。此外,在区域生态规划、镇域生态规划、城市设计、建筑设计、室内设计等领域也具有发展与实践的意义。

5 绿色校园绿地生态效应分析

当前,随着国内生态校园评价理念逐步引入绿色校园规划当中,为了更好地明确绿色校园生态规划设计原则,明确生态校园规划内容,在定性指标和定量指标结合、共性和特性结合的基础上,对校园的用地分布、功能分布、人流规模控制、校园交通管理、校园绿化等进行量化,突出可持续、绿色发展理念。

5.1 校园绿地结构类型与生态环境

5.1.1 校园绿地结构类型

校园绿地植物空间以植物为主体,合理配置其他园林要素,经过艺术布局组成适应各种功能区要求的空间环境。校园绿地不仅具有绿化、美化环境的功能,还具有创造环境、改善环境的生态功能。根据校园空间布局特点，主要分为三种绿地结构类型。

（1）草地：由一种或多种草本、地被植物组成，草坪、地被生长整齐、美观、低矮、稠密、叶色一致，需精心养护管理。纯草坪由于根系浅、绿量较小，不利于水土保持，生态系统比较脆弱。

（2）疏林：郁闭度在 0.4~0.6 之间、具有稀疏的上层乔木，下层以地被、草本植物为主体，该模式以树木为本、花草点缀，乔木为主、灌木为辅，适合校园在有限的绿地上把乔、灌、草、藤进行科学搭配，既提高了绿地的绿量和生态效益，又为师生提供了开阔的活动场地。

（3）密林：郁闭度为 0.7~1，校园中的预留用地、防护绿地以及隔离带设置密林，既有防风固土、隔离防护的作用，也能提高校园绿量和生态效益。

5.1.2　科学营造校园绿地的生态环境

校园是一个庞大而又相对脆弱的生态系统，校园的生态维系基于植物的建设，科学的绿地生态设计，有助于构建校园稳定的生态系统。在植物选种与配植时应尽可能丰富，注重色彩多样及季相变化、风格各异的植物群落来布置校园绿地，营造季相变化而生态稳定的植物群落景观。植物多样性具备了环境效益、经济效益、社会效益及生态效益，只有优化配置才能更好地满足绿色校园不同功能和空间环境的要求。

植物自身环境效益和不同的生态形式，对于种植及选择具有重要的指导意义。一般而言，校园植物丰富度最高在大、中、小乔木上，而草本、藤本和灌木层种类较少。科学合理地对植物进行选种，为昆虫、鸟兽、微生物等多种生物提供栖息地。如开花植物，既能美化校园环境，还可为采花粉花蜜的昆虫鸟兽提供食物；浆果类植物为各种鸟兽、昆虫提供食物，创造鸟语花香的学校环境，营造完善的稳定的校园生态系统。

5.2　校园分区绿地功能生态设计

校园绿地设计根据环境空间的特点，以校园的特点及师生行为分析为基础，科学地将校园用地划分成六大区域。根据校园各区绿地生态功能特点，提出以下建议。

5.2.1　入口景观绿地

学校大门至主体建筑之间的前区空间是学校对外的第一印象，主要由大门前的引导及缓冲空间、大门主体建筑、周围环境、地面铺装以及透视到校园内部的景观组成。为了更好地形成景观廊道，往往在入口区设置开阔且通透的疏林草地，有条件地结合水体、主校道沿线景观大道等。入口区作为校园的景观门户，绿化景观要求较高，其绿化形式多样，植物品种多样、群落层次丰富，绿量大，生态效果也较好。

以广东某高校入口区规划为例（图1），绿化与校园的建筑、道路、地形结合起来考虑，乔、灌、草、藤相结合，通过合理规划前场空间，实现入口区景观效果与绿地生态效应的最大化，其中疏林草地的设计还为师生提供日常的户外交流空间。

5.2.2　教学区、辅助教学区绿地

学校教学区、辅助教学区是学校的主体建筑群区，是各班级学科的散集处、教学核心区。一般由教学楼、图书馆、实验楼等组合而成，是学校空间结构的主要构成。由于功能构成复杂，人员密集，为了便于集散及师生活动，周边零碎且分散的绿地斑块宜布置树阵、绿篱，绿地面积稍大可设疏林草地。该区绿化形式相对简单，生态效果一般。

在寸土寸金的城市校园，绿地面积严重受限，垂直绿化能有效缓解平面绿化与建筑用地之间的

图 1 广东某高校入口区景观（图片来源于南方日报 董天健摄）

矛盾。实现立体绿化增加绿化面积，可采用墙面绿化、屋顶绿化、阳台绿化以及篱棚绿化、棚架绿化等方式。假设某学校占地面积 70 万 m²，按平均每层楼高 3.7m 计算，建筑物的侧面和顶面积有 50 万 m²，如将其 1/5 的面积用来绿化，则该学校的绿化面积比例可增加 14.3%，能极大地增加校园绿量，大幅度提高学校的生态效益。

尽管立体绿化对生态效益影响较大，但不建议为了实现生态效益而盲目追求立体绿量。科学的立体绿化设计应与校园文化及环境的建设相协调，还应结合校园运行与管理的可持续发展综合考虑。

5.2.3 行政区绿地

部分院校行政区是与教学区合并一起的，但规模较大的学校或学院级的整体办公需单独设立办公区域。该区域的景观设计应简洁、严肃，绿地斑块往往较小，多以规则式绿地为主，绿地形式多为树阵、组合花坛或草坪。

5.2.4 学生生活区绿地

学生生活区是校园中生活气息最浓郁的空间，多由宿舍楼、食堂、商业中心等建筑组成，根据学校规模，部分院校还配套有运动区域。该区绿地空间多以通透或开阔为主，植物层次不宜过多，以便于人流集散，可开辟林间空地，设立花坛和围合性休息座椅，同时可设计供学生节假日聚会的公共空间；植物的选择也宜丰富多样，营造能反映学生青春活力的环境氛围。

5.2.5 体育运动区绿地

校园体育活动区域由操场、篮球场、羽毛球场等场地组成，场地面积一般较大。体育运动区四周可栽植高大的乔木，下层配植耐阴的花灌木，从而形成一定的绿化层次和密度的绿荫带，一方面可以形成较好的防护林带，另一方面也可以减少体育活动时对外界的影响和干扰。在情况允许的条件下，可以在运动场周围、绿化带附近设置休息座椅，为进行体育活动的学生提供适当的休息场所。

5.2.6 生态休闲区绿地

生态休闲区是除了建筑组合的空间外，还留有较集中的生态型空地，一方面解决了人口密集的校园对发展用地需求和校园绿化深层次推进的实现；另一方面可给师生们提供良好的学习、生活以及交流空间。本区绿地以生态林地为主，靠近生活区的地段往往开发成休闲小公园或主题园区，有条件的学校还可根据学科设置设计植物园、绿化基地、试验田或苗圃等。规模较大的学校常栽植高大乔木搭配耐阴的灌木丛组成防护林带结合围墙围合校区范围，与外界隔离，保证园区安全。

6 总结

绿色校园生态设计涉及内容较多，提高校园绿地生态效益，除完善绿地生态控制指标外，还需科学设计校园绿地户外及立体部分的面积、空间、结构及性能，为校园精确规划、科学管理提供支持和指导，也为师生提供安全、健康、适用和高效的学习及使用空间，最大限度地节约资源、保护环境、减少污染，并为学生提供具有教育意义的和谐校园，提高绿色校园建设的可操作性。

参考文献

[1] 中华人民共和国住房和城乡建设部，国家市场监督管理总局.绿色校园评价标准 GB/T 51356—2019 [S]. 北京：中国建筑工业出版社，2019.

[2] 赵惠恩，饶戎.科学建立绿容率规划指标体系优化绿色建筑的生态功能标准 [C]. 智能与绿色建筑文集. 2005，783-789.

[3] 张江雪，李亮，王姣娥，徐伟.高校校园绿化环境评价指标体系构建 [J]. 城市环境与城市生态. 2003（16）：204-206.

13

◇ 浅析可食用景观在校园设计中的应用

郑懿

摘　要：随着时代发展及社会需求的变化，教学的方式、方法也在不断地改变。对学校建筑设计提出要求的同时也对景观设计提出了要求。本文通过研究可食用景观试图寻求新的景观模式来应对新型教学方式。本文针对可食用景观在校园设计中的应用进行了深入的探讨，其研究内容主要分为三个部分：1. 可食用景观的历史溯源；2. 可食用景观的基本特征；3. 可食用景观的相关技术支撑。最后，将理论研究运用到了笔者校园设计中的实践——汤坑学校屋顶菜园。

关键词：可食用景观，校园设计

随着时代发展及社会需求的变化，教学的方式、方法也在不断地改变，学校不再是简单灌输式、给予式"教"的空间，更是学生通过各种参与活动，通过各种体验"学"的空间。这对学校建筑设计提出要求的同时也对景观设计提出了要求。传统的校园景观模式已经不适合当今校园发展的需要。当今校园景观的需求不再仅仅停留于观赏层面，也开始考虑经济与生态功能。一种集观赏与食用功能于一体，并具备经济、社会、生态多重效益的新型景观——可食用景观应运而生，已补充传统校园园林景观功能的缺乏。

1　国内外可食用景观的历史溯源

1.1　国内可食用景观的历史溯源

具有生产性的可食用园林在中国古代的园林中也占有重要的地位。"囿，所以域养禽兽也"——《诗经》；"园，果树；圃，种菜也"——《说文》。从这些中国古代的文学作品中也可以了解到，用于种植果蔬和圈养禽兽的园、囿、圃便是中国园林的雏形，体现了中国传统的农耕文化。

明清时期，北京颐和园周边的稻田、圆明园的映水兰香、什刹海和净业湖的荷花，也是借助了具有生产性的植物景观来满足皇帝对田园风光的向往。

近现代，国内也有很多城市的公园、行道树使用可食树种，如：芒果、荔枝、龙眼、木瓜等（图 1）。

（a）　　　　　　　　　　　　　　　　（b）

图1　深圳市香蜜公园荔枝林

1.2　国外可食用景观的历史溯源

《圣经》中有这么一段话，"神在东方的伊甸园立了一个园子，把所造的人安置在那里。神使各样的树从地里长出来，可以悦人的眼目，其上的果子好做食物。园子当中又有生命树，和分辨善恶树。"从中便可以看出，即便是在人们想象出来的天堂伊甸园中有悦人眼目的树木，也少不了"好做食物"的果实，可以说，生产、食用是景观最早的功能。西方古典园林的雏形就是农业景观，在漫长的发展中，始终保持着实用性和观赏性兼备，即便到了现在，实用性花园在欧洲还是屡见不鲜。

中世纪的欧洲，具有生产功能的实用园林是十分流行的造园手法，如当时的修道院庭院就是由实用的蔬菜园、药草园和装饰性庭院共同构成。十六世纪法国路易十四修建了凡尔赛宫，也在宫内建造皇家菜园，他吃的蔬菜水果大都来自自家菜园。自此以后，凡尔赛宫内的水果和蔬菜比比皆是，路易十四也为此深感自豪。

十九世纪80年代，埃比尼泽·霍华德（Ebenezer Howard）在其著作《明日的田园城市》一书中提出了"田园城市"理论，主张将农业带入城市，创造宜居的田园城市，开创了可食用景观在城市景观系统中应用的先河。

2　可食用景观的基本特征

可食用景观首先最重要的两个特征就是"可食用"和"景观"，其次，它还具有教育性、参与性、生态性和经济性的特征。而这些特征恰恰是新时代学校教学模式下景观新的设计策略。

2.1　景观性

可食用景观以其不同于传统城市景观所带来的田园风光、农耕文化的特色景观形式，为青少年儿童带来一种全新的感官享受与体验。这种景观形式不需要很大的设计场地，丰富了城市园林景观的形式，给青少年儿童带来更多样化的景观体验。

2.2　教育性

可食用景观具有一定的科普教育性，为在城市长大的青少年儿童提供一个可以近距离接触、体验平时难以接触到的农作物的机会，丰富其自然、农业、生态知识，具有良好的教育意义。

2.3　参与性

参与性是可食用景观有别于传统城市园林景观的一大特征。可食用景观可为青少年儿童提供一个在现代化城市中参与农耕劳动的机会，可以缓解青少年儿童在学校学习的压力，回归田园般的生活，舒缓身心，充实美化生活。更可以使人们在劳作中互助和讨论，增进人与人之间的互动与交流。

2.4　生态性

可食用景观的作物产出涉及食品安全问题，这要求种植及养护过程中做到无污染、无公害，促使种植场地成为一个绿色健康的生态系统，改善小区域内的生态环境。更重要的是，可食用景观可以丰富城市的生物多样性，当可食用的植物处于生态食物链其中，伴随着可食用作物的成熟，会招来昆虫、鸟类及其他生物，使城市景观向着自然化的生态环境发展。

2.5　经济性

可食用景观的植物设计素材主要以一些可食用的、具有产出性的农业作物为主，在作为一种景观形式的同时也可以带来作物的产出，具有明显的经济性。应用于学校、办公场所等地的可食用景观甚至可以自给自足为学生或员工提供新鲜绿色的食材。增加水、肥、垃圾等的利用效率。

3　可食用景观相关技术支撑

可食用景观具有观赏、经济、生态、可持续等各方面的巨大潜力，但必须依赖一些科学技术，才能实现其巨大的价值。而如今，一些用于景观中较为成熟的技术，对于可食用景观应用的可行性具有很大的帮助，如立体绿化技术、无土栽培技术、堆肥技术等。

3.1　立体绿化

将立体绿化技术用于可食用景观的设计中，使用可食植物对建筑墙体、屋顶、栏杆等进行立体绿化，既可以节约种植用地，还可以在丰富景观层次的同时提供新鲜的果蔬。例如美国伊利诺斯州芝加哥盖瑞康摩尔青少年中心的屋顶花园，利用可食用景观打造了一个屋顶花园，同时也被作为青少年中心的室外教室和实验室，而产出的作物就直接供给学生和中心咖啡厅，成功地将景观、生产与建筑相结合。

3.2 厨余花园

生活垃圾中有机物含量大，堆肥处理后能达到无害化要求，并将有机物重返自然，宜采用动态堆肥技术。利用堆肥技术可以减少城市垃圾对环境造成的影响，在垃圾源头就进行遏制，对整个城市的美化都具有重要的作用。同时，堆肥产生的肥料可用于景观的养护，一举两得。可食用景观植物生命周期中的自然代谢产物，如落叶、落花、落果，以及城市居民日常饮食中的厨余垃圾都含有大量的有机质，适宜进入堆肥系统。

3.3 无土栽培

无土栽培指不用天然土壤，而用营养液或固体基质加营养液栽培作物的方法。采用无土栽培可利用庭院、阳台和屋顶来种植蔬果花卉，既有娱乐性，又具有观赏和食用价值，便于操作、洁净卫生，可美化环境。

4 可食用景观在校园设计中的实践——汤坑学校屋顶菜园

4.1 项目概况

汤坑学校位于深圳市坪山区，项目用地面积10799.71m²，是一所30班的小学。在如此高密度的校园中，我们在建筑的4层屋顶设计了一处"可食植物园"。该植物园面积210m²，它实现了视觉美与实际需要的完美结合，设计出一个包括花卉和劳作型蔬菜园的屋顶花园。利用花园以极具创造性的方式完成了园艺学习、培养环境意识、生产食物等工作。屋顶花园周围是通道和教室，学生们在教室中学习或休息的时候，可以方便到达花园观赏到花园内的景象（图2）。

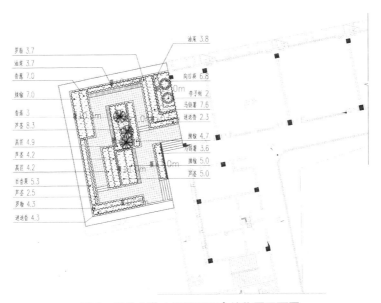

图2 汤坑小学4层屋顶可食植物园平面图

4.2　设计实践

（1）设计场地：汤坑学校4层屋顶花园。

（2）主要功能：进行园艺学习，培养学生的环境意识和管理能力。

（3）植物设计素材

观赏蔬菜类：马铃薯、油菜、莴苣、辣椒、香葱、芦荟等。

谷物及油料作物类：向日葵。

观赏果树类：百香果、香蕉、李子。

香料植物类：罗勒、迷迭香。

（4）种植方式及种植设计

屋顶花园采用模块化种植，已解决自动化灌溉和排水问题。覆土厚度在500mm至1m之间。整个花园里的种植区以直线条带分布，用小路将可食用植物的种植带分割，形成富有诗意的环形构图，为师生创造了一个赏心悦目的空间。整个屋顶花园设计造型优美且图案鲜明，将一个典型的劳作菜园变成一个美丽动人并可稍做歇息的场所。在植物配置上，使用具有药用价值的麦冬作为地被植物衬底，然后在每条种植带上种植1种可食用植物。在植物种类选择上多选择具有观赏价值的小型绿色蔬菜、果实，如具有色彩及观赏性的紫莴苣、黄椒等，以及一些可作为香料及药用等草本花卉植物。在植物配置上注重植物色彩的搭配，例如在连续几条以绿色为主的作物中种植一带花卉植物，在绿色的基底上点缀颜色鲜艳的花卉与色彩各异的蔬果，具有良好的景观效果（图3~图7）。

在设计校园可食景观时要考虑到场地的限制，合理、灵活地选择设计场地。要注意在不同的用地根据其不同的使用对象，在主要功能上有所区分。在植物设计素材的选择上尽量丰富多样，尽量利用适宜的种植结构，并可以结合当地的一些观赏性植物进行造景。在场地建造材料的选择上尽量做到生态环保无污染，这不仅是一种保护环境的措施，更是保证作物的产出安全健康。在景观元素，包括景观小品与亭廊构架等的应用上要结合整体校园景观主题与风格进行选用，做到具有特色而又有艺术性，尽量丰富景观的参与功能，创造具有互动性的可食用景观。

图3　汤坑学校4层屋顶花园效果图

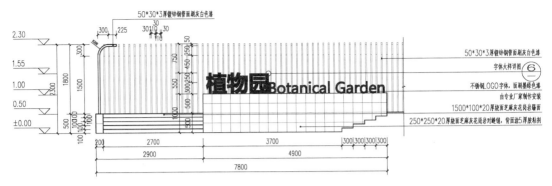

图 4　汤坑学校 4 层屋顶花园立面图

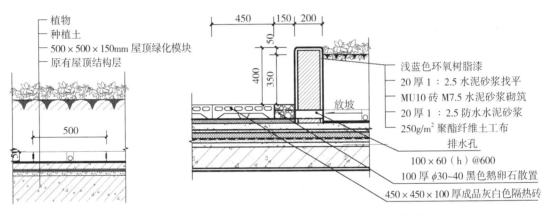

图 5　屋顶容器绿化做法

图 6　屋顶 200 花基做法图

　　可食用景观运用在校园景观中可充分调动学生的参与性，体会到种植、耕作、收获的乐趣，在起到观赏性与生产性的同时，更为学生提供了一个室外教室和实验室，一个充满美与自然的教育环境，具有很好的教育意义，在公众参与性与科普教育性上都得到了很好的体现。

图片来源

图 1：来源于作者拍摄。

图 2~ 图 7：来源于作者绘制。

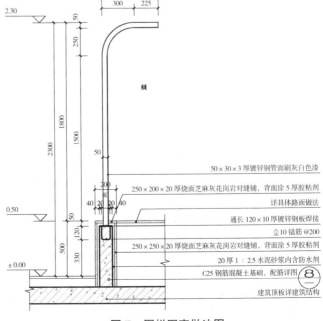

图 7　围栏固定做法图

14

◇ "上海交通大学附属第二中学新建创新楼"雨水径流控制设计

郑代俊

摘　要：本文从给水排水专业的角度，通过具体工程实践，介绍作者对海绵城市的浅见。愿能达到以下的目的，第一，力争起到一点专业普及性的效果；第二，希望能达到如何用数学的方法，得出合理定量的结论，以便工程实践。

关键词：海绵城市，综合径流系数，下凹式绿地

1　综述

　　海绵城市是个全新的概念，需要多专业和多种技术相配合，是绿色建筑设计的指标之一，在《绿色建筑评价标准》GB 50378 里面有几条得分项。

　　海绵城市这个术语最早由《海绵城市建设技术指南——低影响开发雨水系统构建（试行）》（建城函〔2014〕275 号）提出，并有具体要求和措施。目前状况是：缺乏专业的理论知识研究，每个人的理解差异很大，管理部门也比较杂。尤其对于海绵城市的成果，需要一些确定的量来评判，而这些定量的计算方法，没有全国统一的计算标准，各个地方标准也有较大差异。

　　为了解决存在的问题，便于理解，本文先从专业术语说起，并从中得出合理的结论。

2　专业术语

2.1　海绵城市

　　海绵城市是指通过加强城市规划建设管理，充分发挥建筑、道路和绿地、水系等生态系统对雨水的吸纳、蓄渗和缓释作用，有效控制雨水径流，实现自然积存、自然渗透、自然净化的城市发展方式。

　　海绵城市是比喻城市像海绵一样，遇到有降雨时，能够就地或就近吸收、存储、渗透、净化雨水，补充地下水，调节水循环，在干旱缺水时有条件把蓄存的水释放出来。由于它尊重自然，与自

然和谐相处，尽量缩小和避免开发和破坏之间的矛盾，所以称之为"低影响开发"。也是我国城市建设发展的主要方向和一项重大任务。

结论：海绵城市是个全新的理念，有很多好处，目前仍处于初级运行阶段，各种结果都可能有，也是大家才智发挥的时期。

2.2 径流系数

径流系数是指一定汇水面积内地面径流量与降雨量的比值。

径流系数主要受集水区的地形、流域特性因子、平均坡度、地表植被情况及土壤特性等的影响。径流系数越大则代表降雨较不易被土壤吸收，亦即会增加排水沟渠的负荷。

《建筑给水排水设计规范》GB 50015—2003（2009 版）中的径流系数数值，大于《室外排水设计规范》GB 50014—2006（2016 年版）中的数值，是因为服务对象范围大小、效果不同，设计时酌情取值。

径流系数是个物理参数，与物质的组成有关，它是一个数值。对于具体的工程项目来说，会有多种成分组成，可采用加权平均计算一个值，这就是具体项目的综合径流系数，每个项目的数值都会不一样。从它的定义可知，与地面径流量有关。

计算地面径流量的目的，是为了管渠设计，起到计算依据的作用。这个数值主要用于计算特定面积内的高峰雨水流量，常用计算单位为 m/h、L/s。

结论：在设定的重现期内，地面径流量是项目内最大可能排水流量，作管渠设计用。

项目的组成决定了项目的综合径流系统，综合径流系数采用加权平均法计算。

2.3 雨量径流系数

雨量径流系数是指设定时间内降雨产生的径流总量与总降雨量的比值。

《建筑与小区雨水控制及利用工程技术规范》GB 50400—2016 3.1.4 条中雨量径流系数宜按表 1 采用，汇水面积的综合径流系数应按下垫面种类加权平均计算（表 1）。

雨量径流系数　　　　　表 1

下垫面类型	雨量径流系数 Ψ_c
硬屋面、未铺石子的平屋面、沥青屋面	0.80~0.90
铺石子的平屋面	0.60~0.70
绿化屋面	0.30~0.40
混凝土和沥青路面	0.80~0.90
块石等铺砌路面	0.50~0.50
干砌砖、石及碎石路面	0.40
非铺砌的土路面	0.30
绿地	0.15
水面	1.00
地下建筑覆土绿地（覆土厚度 ≥ 500mm）	0.15
地下建筑覆土绿地（覆土厚度 < 500mm）	0.30~0.40
透水铺装地面	0.29~0.36

对于具体的工程项目来说，会有多种成分组成，可采用加权平均计算一个值，这就是综合雨量径流系数。

这个数值主要用于计算在一个设定时间段内，特定面积、降雨产生的径流总量，常用单位为 m^3。

在一次降雨中，高峰降雨只占一小段时间，其他时间是比高峰小得多的降雨。总体是雨水下渗得比较多。雨量径流系数，重点强调的是设定时间内，雨水外排总量或可收集总量。

分析表1，一块单纯的绿地，雨量径流系数为0.15。意思就是这个绿地，降落在这个绿地上的总雨水量中，15%的雨水量产生地面径流，需要外排或储存，大约85%的雨水量会渗漏至地下，形成地下水。

据此，我们引申一下思路，如果我们设计的项目内，设有一块下凹式绿地，通过技术手段，把项目内所有降落的雨水总量，都汇集到这个下凹式绿地里，下雨时储存雨水，当雨小了或在间隙时段，雨水渗透至地下。假如下凹式绿地的储存量足够大，能消纳足够的雨水，那么，我们可以认为，该项目的外排雨水为零，项目内总的径流量也为零。以此类推，该项目的综合雨量径流系数亦为零。这里，把整个地块作为一个整体考虑，就容易理解了。

再比如，如果我们设计的项目内，设置一套雨水回收利用设备，通过技术手段，把项目内所有降落的雨水，都汇集到这个储水池里，下雨时储存雨水。而这个地块的利用雨水量很大，或采用渗漏方案，不下雨时渗漏地下，所有收集的雨水都能够被利用或渗漏，那么我们也可以认为，该项目的综合雨量径流系数亦为零。当然，如果项目内利用或渗漏的雨水量有限，多余的雨水，都是通过排水泵排入市政管道或河流时，那么这个排出的水量，就可以看作为等于项目的整体地面径流量。

结论：在设定时间段内的特定面积，地面径流总量，用来计算雨水外排总量或可收集利用的雨水总量。

同一项目，综合雨量径流系数小于综合径流系数，是由于设定时间不同，地面蒸发、渗漏等原因。

2.4 年径流总量控制率

年径流总量控制率是指根据多年日降雨量统计分析计算，场地内累计全年得到控制的雨量占全年总降雨量的百分比。

低影响开发雨水系统的径流总量控制一般采用年径流总量控制率作为控制目标。年径流总量控制率与设计降雨量为一一对应关系。理想状态下，径流总量控制目标应以开发建设后径流排放量接近开发建设前自然地貌时的径流排放量为标准。这是海绵城市控制总量的一个重要指标，也是一个数学指标，可以通过数学公式求出，使海绵城市的评判得以实现。

年径流总量控制率是个新的概念，最早在2014年版《绿色建筑评价标准》中提出，和《海绵城市建设技术指南》（建城函〔2014〕275号）相呼应，是一个绿色建筑的得分项，有55%和70%这2个得分标准，并提出项目的年径流总量控制率要小于85%。

任何一个地块，在自然状态下，可参照原生态地块来比较，若全为绿地，雨量径流系数为0.15。也就是说：相对全年总降雨量来说，场地内累计全年有85%的雨水会渗漏至地下，形成地下水，即为全年得到控制的雨量，年径流总量控制率为85%，如果大于这个数值，原来有15%流至河流湖泊的水也减少了，这样，河流湖泊的生态系统也就被破坏，所以规定年径流总量控制率要小于85%。

3 遵循原则

上海市海绵城市建设遵循原则：海绵城市建设，坚持"规划引领、生态优先、因地制宜、统筹建设"的原则，在城市规划建设管理各个环节落实海绵城市建设理念，统筹协调给排水、园林绿地、道路等设施建设，综合采用渗、滞、蓄、净、用、排等措施，提升城市市政基础设施建设的系统性。海绵城市相关设施与主体工程同步规划、同步设计、同步建设、同时使用。

结论：遵从当地标准，海绵城市建设是规划的一个指标，规划批文中会有海绵城市指标，如果没有，可认为不需考虑。

4 海绵城市建设常用方法汇总

4.1 渗

透水铺装：透水砖铺装，透水水泥混凝土铺装和透水沥青混凝土铺装，鹅卵石、碎石、铺砖等。
下凹式绿地：下凹式绿地指低于周边地面或道路的绿地。
渗透塘：是一种用于雨水下渗补充地下水的洼地，有净化和削峰作用。
渗透管/渠：是指具有渗透功能的雨水管/渠，可以采用穿孔塑料管，无砂管/渠和砾（碎）石材料组合而成。

4.2 滞、蓄

湿塘：是指具有雨水调节和净化功能的景观水体，雨水作为其补充水源。
雨水湿地：与湿塘构造相似，是具有净化作用的调蓄雨水的一种湿地，分表流和潜流两种。
其他方式：路牙开槽、景观水池、雨水花园等。

4.3 净

生物滞留设施：是指地势较低的地区通过植物土壤、微生物系统蓄渗，净化径流雨水的措施。

4.4 用、排

在渗、滞、蓄、净水措施完成之后，海绵中已蓄满了可用之水，如何用这些水，可针对具体项目具体应用。超标准的洪涝水，则启动应急方案快速地排放。

5 实际案例

5.1 设计目标

由于该项用地是很多年前的，规划批文无海绵城市设计指标要求。
初步设计征询，水务局要求该项目满足上海市水务局《上海市城镇雨水排水设施规划和设计指导意见》（沪水务〔2014〕1063号）要求，即该项目的综合径流系数小于0.50。

所以，该项目的综合径流系数小于 0.50 是本案的设计目标。

5.2 项目概况

本项目位于闵行区，本项目总用地面积 9434.00m²，建设用地面积 6604.00m²，规划道路用地面积 2830.00m²。本次新建主要内容：新建一栋四层创新楼（含地下车库）、一条连接创新楼和原有校区的架空连廊。新建建筑面积 12735m²，其中地上面积 8882.12m²，地下建筑面积 3852.88m²。

5.3 场地雨量径流系数

场地雨量径流系数统计　　　　表 2

序号	类别	面积（m²）	径流系数
1	道路	1379.03	0.85
2	绿化	2412.1	0.1
3	屋面	2596.3	0.85
4	屋面绿化	644.16	0.1
5	干砖路面	216.57	0.35
6	综合雨量径流系数	6604	0.518

表 2 的数值为项目自然状态下，所得的最小项目综合雨量径流系数为 0.518，不符合上海市有关标准。

5.4 下凹式绿地

和建筑专业协商后，采用下凹式绿地，对于具体量的计算，由于没有权威的标准，我们采用下列推理：

虽然缺乏资料，但规范上可以查到，上海市 55% 年径流总量控制率对应的设计控制雨量为 11.2mm。从前述定义分析，综合径流系数和年径流总量控制率，呈对应关系。满足 55% 年径流总量控制率，可认为满足小于 0.45 的综合雨量径流系数。如能达到这个指标，可认为满足相关要求。

下面按照 0.45 的综合雨量径流系数，计算需要设置的下凹式绿地的总容积：

$$V=10H\phi F=10 \times 11.2 \times 0.6604 \times 0.518=38.31m^3$$

式中：V——设计下凹式绿地调蓄容积（m³）；

H——设计降雨量（mm）；

ϕ——综合雨量径流系数；

F——汇水面积（hm）。

根据上述计算，设计下凹式绿地有效容积为 40m³，大于 38.31m³，所以场地雨水综合雨量径流系数小于 0.45。

由于上海市对于有效容积计算没有规定，本案设有下凹式绿地，面积约为 400m²，下凹深度为 0.1m。

5.5 体会

绿色校园设计要遵从实用、合理、经济的原则。

需要各专业配合，细节上的问题需要多专业配合考虑，比如，场地的排水能够自然流至下凹式绿地，下凹式绿地由于不能设置排水，在植物种植的时候，景观专业需要考虑将其长期水淹的因素，种植合适的植物。

海绵城市建设是个综合性、需要较大投资的工程，如果城市进行统一规划，将其作为市政设施，可能效果更好。如果每个项目各自为政，结果会五花八门，总投资也会更大。

6 结语

通过上述介绍，希望能给大家一些帮助。在工作中总结经验，在学习中指导工作，力争做得更好，文中有一些个人的浅见，多有不足，敬请指正。

参考文献

[1] 上海市政府办公厅.《上海市海绵城市规划建设管理办法》沪府办 [2018]42 号，2018 年 6 月 29 日发布.

[2] 中华人民共和国住房和城乡建设部.《室外排水设计规范》GB 50014—2006（2016 年版）[S]. 北京：中国计划出版社，2016.

[3] 中华人民共和国住房和城乡建设部.《建筑与小区雨水控制及利用工程技术规范》GB 50400—2016[S]. 北京：中国建筑工业出版社，2017.

◇ 昆山加拿大国际学校暖通绿建技术

李鹤

摘 要：昆山加拿大国际学校暖通专业设计采用了一系列绿色建筑技术措施，主要有冷热源采用地源热泵系统，生活热水采用全热热回收地源热泵机组，集中新风系统采用转轮式热交换空调机组，全空气空调系统采用可变新风比运行和四管制，入口大厅采用地板辐射采暖系统，空调系统新风采用二氧化碳需求控制等，既增强了热舒适性又达到了节能运行的要求。

关键词：暖通，绿色建筑

1 引言

昆山加拿大国际学校位于江苏省昆山市阳澄湖科技园区，西临祖冲之路，南临水景大道，北侧为规划一路，东侧为南窖河，交通便利风景优美。项目总建设用地面积 128726m²。一期 1 号综合楼总建筑面积 18530m²，其中地上建筑面积 15997m²，地下建筑面积 2533m²。本项目在暖通专业设计过程中，采用了一系列绿色建筑的技术措施，实施效果良好，达到了节能减排的目的。

2 冷热源

本项目冷热源教学区域采用地源热泵系统，教师办公区考虑到寒暑假的独立运行要求，采用 VRV 空调系统。

2.1 地下换热器概述

本项目的地埋管室外系统采用地耦换热方式，通过深埋在地下土壤中的地源热泵专用 PE 管与地下土壤进行冷热交换，并通过地源热泵机组把这部分冷热量供给室内。每个孔内埋设单 U 形地耦管，所有的地耦管通过水平集、分管汇集，通过循环水泵进入热泵机组，形成一个闭式系统。地耦管内充注中间介质水作为冷热载体，中间介质在埋于土壤内部的封闭环路中循环流动，夏季通过土壤热交换器向土壤散热，冬季通过土壤热交换器从土壤中吸热，从而实现与土壤进行热交换的目的（图1为地源热泵地埋管系统图）。

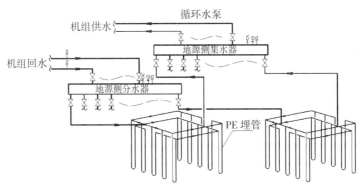

图1　地源热泵地埋管系统图

2.2　换热负荷计算

夏季系统最大散热量与建筑设计冷负荷相对应。包括：地源机组释放到循环水中的热量（空调负荷和机组压缩机耗功）、循环水在输送过程中得到的热量、水泵释放到循环水中的热量。上述三项热量相加就可得到供冷工况下地源热泵系统总散热量。即：

最大散热量 $Q'_1 = Q_1 \times (1+1/EER) + \Sigma$ 输送过程的得热量 $+ \Sigma$ 水泵释放热量

冬季系统最大吸热量与建筑设计热负荷相对应。包括：地源机组从循环水中的吸热量（空调热负荷，扣除机组压缩机耗功）、循环水在输送过程损失的热量并扣除水泵释放到循环水中的热量。

最大吸热量 $Q'_2 = Q_2 \times (1-1/COP) + \Sigma$ 输送过程损失的热量 $- \Sigma$ 水泵释放热量

因输送过程的得热量和水泵释放热量这两项与管路的长短、水泵运行工况等都有关，因此夏季该两项一般按机组压缩机功耗的30%计算；冬季公式中后两项（一项为失热量，另一项为得热量）相互抵消，即上述公式可简化为：

最大散热量 $Q'_1 = Q_1 \times (1+1/EER + 0.3 \times 1/EER)$

最大吸热量 $Q'_2 = Q_2 \times (1-1/COP)$

式中　Q'_1——夏季最大排放的热量（kW）；

$\qquad Q_1$——夏季设计总冷负荷（含生活热水）（kW）；

$\qquad Q'_2$——冬季最大吸热量（kW）；

$\qquad Q_2$——冬季设计总热负荷（kW）；

$\qquad$ EER——地源热泵机组的制冷系数；

$\qquad$ COP——地源热泵机组的供热系数。

根据地源热泵机组参数可知主机的夏季制冷系数约为5.84，冬季制热系数约为4.51，考虑到各种工况下运行，夏季EER按照5.5计，冬季COP按照4.2计：

夏季最大散热量：$Q'_1 = 2202 \times (1+1/5.5+0.3/5.5) = 2722$ kW

冬季最大吸热量：$Q'_2 = 1480 \times (1-1/4.2) = 1128$ kW

根据以上公式计算，系统夏季最大散热量为2722kW，冬季最大吸热量1128kW。

2.3　确定竖井总长度

地下埋管式换热器是地源热泵系统设计的重点。地埋管换热系统承担地源热泵机组的冷热负荷，按夏季和冬季工况分别考虑，并取两者的最不利情况下的计算结果作为依据。

利用单米井深"换热能力"来计算管长，本项目设计根据甲方委托专业单位现场测试完成的《地源热泵岩土热物性测试技术报告》设计。单 U 管夏季散热量为井深 52W/m，冬季最大吸热量为 38W/m。

以夏季负荷为计算依据，计算如下：

$$L=1000\times Q'_1/Q_S=1000\times 2722/52=52346m$$

式中　L——竖井总长（m）；

　　　Q'_1——夏季向土壤的散热量（kW）；

　　　Q_S——夏季向土壤的散热能力（W/m）。

以冬季负荷为计算依据，计算如下：

$$L=1000\times Q'_2/Q_w=1000\times 1128/38=29684m$$

式中　L——竖井总长（m）；

　　　Q'_2——冬季向土壤的吸热量（kW）；

　　　Q_w——冬季向土壤的吸热能力（W/m）。

综上所述，以夏季计算管长 52346m 做为本工程地源热泵打井计算总长度。

2.4　地下换热器设计

采用单 U 埋管方式，钻孔直径为 150mm，De32 专用 PE 管。井距按 4.5m×4.5m，垂直换热井有效深度按 100m 计，则打井总数量为 524 口。地埋管设置在靠近综合楼室外的学校篮球场下，地埋管实施条件较好。

单 U 管换热器均采用承压 1.6MPa 的高密度聚乙烯 PE 管，管件与管材为同一材质。水平埋管采用并联方式，每个换热井均采用并联方式直接接至集分水器，每个回路设 PE 检修阀门。换热管井采用黄沙＋膨润土＋水泥回填密实。竖井钻孔完毕，竖管下孔后采用人工回填密实，隔天后再回填一次，直至回填密实。水平连接管管中距地面 2m。8 个地埋孔连接为 1 组，作为 1 个一级分集水器。由多个一级分集水器连接为 1 组，以 De63PE 管连至二级分集水器，其中由 8 组组成的二级分集水器有 8 个，由 9 路管组成的有 4 个。总计 50 个一级分集水器，12 个二级分集水器。二级分集水器以 De125PE 管连至地源热泵机房。

2.5　地源热泵主机

地源热泵主机采用两台螺杆式地源热泵机组。单台制冷量为 1211.4kW，制热量为 1212.7kW。夏季提供 7~12℃冷冻水，冬季提供 55~50℃低温热水供空调系统使用。其中一台热泵机组采用全热回收型机组，作为生活热水的热源使用。夏季，优先选择开启全热回收型地源热泵机组，制冷的同时，可免费得到热水，且满足热水供应要求；制冷量不够时，再开启另外一台冷水机组制冷。春秋过渡季节，仅开启全热回收型地源热泵机组，机组在制热模式运转，能满足热水使用要求。冬季，优先选择开启全热回收型地源热泵机组，制热量不够时，再开启另一台机组制热，空调制热的同时可提供生活热水，完全满足热水需求。

3 空调、通风系统

室内篮球场（图2）、餐厅（图3）、入口大厅等区域采用一次回风定风量全空气空调系统，空调机组设置在专门的空调机房内。室内篮球场、入口大厅挑空区域采用喷口侧送，餐厅采用吊顶散流器下送。全空气空调系统采用可调新风比设计，按最大总新风比为50%设计。空调箱采用初、中效两级过滤，并采用空气净化装置。

室内房间采用风机盘管＋新风的空调系统形式。风机盘管采用卧式暗装高静压型，新风采用转轮热交换型新风处理机组。新风系统根据覆盖的范围和避免设备管线大面积交叉的原则，共设三个屋顶新风机房，由新风机组集中处理后直接送入室内。用于热回收的排风口集中设置在公共走道。

入口大厅冬季采用低温热水地板辐射采暖，地暖分集水器设置在储藏及接待室内，每个加热管环路在分、集水器箱内设温控调节阀。冬季学生们在入口大厅集会或组织活动，热舒适性效果良好。

餐厅和篮球场空调机组采用四管制机组，冷热盘管独立。过渡季节采用地源侧冷水，可实现系统供热工况时的供冷需求。

室内篮球场和餐厅区域采用新风需求控制，可根据区域内的二氧化碳浓度调节空调系统的新风量。避免人数较少时的新风能耗的浪费。

图2 篮球馆实景图

图3 餐厅实景图

4 结语

通过后期设计回访，各系统运行良好，达到了最初的设计要求。对地源热泵系统热平衡问题，设计之初考虑预留了屋顶冷却塔的位置，实际运行中，因为学校寒暑假休息的特殊运行特性，地源热泵地源侧的进出水温度几年运行下来变化不大，说明运行期间土壤温度得到了充分的修正和温度平衡。另外一个实际运行的问题是，入口大厅的地暖系统和空调系统合用热源，因为空调系统是间歇运行的，地暖的热惯性又较大，冬季在空调开启2~3h后，地暖温度才有显著效果。后续设计可考虑地暖系统采用单独的热源，在非工作时间降低运行温度节能运行，这样在工作时间可以较快地达到设计温度。

16

◇ 绿色校园评价体系中的初级中学建筑电气设计探讨

李万里

摘　要：在建筑设计领域，"绿色建筑"越来越多地被提及，我国也专门开展了绿色建筑的研究和实践。而作为和"绿色建筑"息息相关的"绿色校园"概念也随之产生，本文结合笔者参与的南京市天保街西侧第 4 初级中学的绿色建筑设计，分析并探索初级中学绿色校园评价体系中，建筑电气的设计要点。

关键词：绿色校园，建筑电气节能

1　绿色校园概念

国内范畴，最早提出"绿色校园"概念的，是 1996 年的《全国环境宣传教育行动纲要》。随后这一概念在全国大中城市的学校中，特别是中小学校中，越来越受到重视。

何为"绿色校园"？即在全寿命周期内最大限度地节约资源（节能、节水、节材、节地）、保护环境和减少污染，为校园师生提供健康、适用、高效的教学及生活环境，对学生具有环境教育功能，与自然环境和谐共生的校园 。

2　本项目绿色校园评价体系

（1）《绿色校园评价标准》CSUS/GBC 04—2013，自 2013 年 4 月 1 日起实施，可作为我国开展绿色校园评价工作的技术依据 。但随着国民经济和技术的不断发展，新的《绿色校园评价标准》GB/T 51356—2019 被提出，该标准于 2019 年 10 月 1 日开始执行，是我国开展绿色校园评价工作的技术依据，其适用于新建、改建、扩建以及既有中小学校、职业学校和高等学校绿色校园的评价工作。

（2）《绿色校园评价标准》GB/T 51356—2019 与《绿色建筑评价标准》GB/T 50378—2019 关系紧密，是参照后者编写的评价体系，结合我国学校特色，设置了节地与可持续发展场地、节能与能源利用、节水与水资源利用、节材与材料资源利用、室外环境与污染物控制、运行管理、教育推广，共计 7 类指标体系。

（3）因项目在南京市，还需结合《江苏省绿色建筑设计标准》DGJ 32/J 173—2014 等地方性标准、条文，进行"绿色校园"的设计工作。

3 与绿色校园相关的建筑电气设计内容

无论是国家标准、行业标准，还是地方性的与"绿色校园"相关的标准，多与"绿色建筑"相关联，两者有很多共通之处；而两者内容中与建筑电气设计相关的内容，主要体现在能耗监测、建筑电气节能、可再生能源利用、光环境污染控制、相关联的智能化系统、环境保护上面。其中，建筑电气节能内容众多，尤为显得重要；而光污染控制、相关联的智能化系统、环境保护等，则属于辅助因素，但不可或缺，属于锦上添花。

4 与绿色校园设计相关的建筑电气设计要点

4.1 第 4 初级中学严控的指标内容

4.1.1 基本指标

冷热源、供配系统和照明等各部分能耗进行独立分项计量；各房间或场所的照明功率密度值不高于现行国家标准《建筑照明设计标准》GB 50034—2013 规定的目标值；室内照度、统一眩光值、一般显色指数等指标满足现行国家标准《建筑照明设计标准》的相关要求，以给师生营造一个良好的视觉感受场所。

4.1.2 一般性指标

设远程抄表功能；公共场所照明的控制，采取节能控制方式；地下室设置空气质量监测系统；公共区域的风机和水泵、电梯等采取节能控制方式；屋顶设置光伏发电系统。

4.2 能耗监测系统

（1）在学校内，设置分类、分项能耗监测系统，对分类和分项能耗数据进行实时采集，并实时上传至上一级数据中心，所有计量装置均具有数据通信功能，以此来实现绿色校园能耗的实时观测。

（2）对校内的电、水、燃气等设置分类计量，能耗监测系统可实时监控上述系统的能耗情况，并上报主机，方便管理人员进行管理。

（3）按区域及楼层，对照明、插座、动力用电、特殊用电等进行分项计量，方便考核和管理。

（4）项目中选择的能耗监测系统计量表具，精度要求不低于 1.0 级，电流互感器的精度不低于 0.5 级，以达到更为准确的测量及计量需求。

4.3 照明节能设计与控制

（1）照明节能指标及措施：教室内功率密度限值执行目标值小于等于 8W/m^2，其他附属房间的照明功率密度限值，均按照小于等于《建筑照明设计标准》GB 50034 中相关目标值执行。

（2）项目中选用的灯具功率因数均要求大于 0.9，镇流器或 LED 恒压驱动电源均选择符合国家能效标准要求的产品。

（3）教室等照明场所灯具效率不低于 70%。

（4）照明系统中，采取分区控制、定时控制等节能控制措施，诸如地下车库内采用雷达感应灯、楼梯内采用声光控节能自熄开关控制等。

4.4 供配电系统节能设计与控制

（1）变电所内设置低压无功补偿装置，补偿后高压供电进线处功率因数不小于 0.95，且无功补偿装置具备过零自动投切功能，并有抑制谐波和抑制涌流的功能。

（2）电动机均选用高效节能产品，其能效应符合《中小型三相异步电动机能效限定值及能效等级》GB 18613—2012 节能评价值的规定。

（3）当变电所谐波干扰超过国家标准时，在需要的机房处，低压侧出线处设置有源滤波装置，以期满足供电的安全性和稳定性。

（4）通过变频控制等手段对校园内的非消防机电设备（水泵、风机、电梯等）进行控制、管理，实现节能运行。

（5）电梯选用具有节能拖动及节能控制方式的设备。

（6）对管理人员，加强电气节能考核措施，促进节能工作有效开展。

4.5 可再生能源利用

（1）考虑到第 4 初级中学位于南京市，是太阳能充足地区，且屋顶有条件，因而项目中设有太阳能光伏发电系统，其总功率为建筑物总变压器装机容量的 3.5%；另考虑太阳能路灯照明。

（2）太阳能光伏发电系统为低压并网型光伏系统，系统设有计量装置、防逆流和防孤岛效应保护。

（3）所带负载为地下室车库照明及室外照明；具有良好的照明节电效应。

5 与绿色校园设计相关且和建筑电气紧密联系的其他内容

5.1 相关内容

显然与绿色校园设计相关的建筑电气内容，除了前述设计要点中的内容以外，还应该有其他内容，而且这些内容，已经不仅仅是从属于建筑电气那么简单，他们往往是相辅相成、互补的关系。比如要实现绿色校园，我们还需借助一些智能化的手段，来监测和管理校园；还需在设计之初就考虑到建筑电气设施对于环境的影响等等。

5.2 与绿色校园设计相关的智能化系统

（1）对于第4初级中学而言，智能化专业设置的相关智能化系统，对绿色校园的监测及管理至关重要，甚至直接影响到校园使用者的直观感受，而智能化系统，往往又和绿色校园设计当中的建筑电气紧密相联。

（2）本案中，智能化专业设火灾自动报警系统、广播系统、通信接入系统、信息网络系统、电话交换系统、综合布线系统、有线电视系统、安全技术防范系统、智能卡应用系统、信息导引及发布系统、会议系统、多媒体教学系统等智能系统，以上系统作为智能化技术手段，配合建筑电气，一并支持和支撑"绿色校园"体系，为实现更为方便、快捷、有效的绿色校园管理手段提供技术支持。

5.3 光环境污染控制

（1）绿色校园，还需考虑师生的直观感受，而照明往往最为直观。当然除了控制好室内照明的感官感受外，显然还应该考虑室外光环境污染的控制，将夜景照明产生的光污染控制在规范允许的范围，尽可能给人以舒适的感觉。

（2）在设计时，限制光环境污染的措施主要有：将照明的光线严格控制在被照区域内，限制灯具产生的干扰光，对于超出被照区域内的溢散光，控制其不超过15%；合理设置夜景照明运行时段，及时关闭部分或全部夜景照明、广告照明、非重要区域的建筑内透光照明等。

6 绿色校园设计中建筑电气及智能化专业的环境保护考量

6.1 环境保护之于绿色校园

第4初级中学在进行绿色校园设计之初，就树立了环境保护的概念，建筑电气设计也应在这一主旨下，进行相关的环境保护考量。

6.2 电气专业的环保考量

（1）对于消防类负荷的应急备用电源，优先考虑选用城市电网第二路电源，以减少有色金属的使用。

（2）采用非油浸式电力变压器、非油浸式开关等电器设备，减少运行时油液及其分解物的污染；选用高效低耗及低噪声电力变压器、电感（抗）器，以减少热量、噪声污染。

（3）电源线路优先采用电力电缆埋地进户方式，减少使用对环境有影响的耗材。

6.3 智能化专业的环保考量

（1）工作区优先选用低电磁辐射的设备，包括显示器、计算机、打印机、复印机、网络设备、控制设备和开关设备等，以减少辐射对环境及人的影响。

（2）地下车库内设置一氧化碳浓度探测器，当浓度高于设定值时，联动启动对应的送（排）风机组，确保工作区空气符合环保要求，以确保地下室为一个健康的环境。

6.4　管线敷设及选择的环保考量

建筑物内各电源线、信号传输线采用穿配线管、线槽等暗敷设方式；且优先采用低烟无卤电力电缆电线和信号传输线，万一火灾发生，可大大降低毒烟对仪器设备、人体的危害程度。

17

◇ 浅析初级中学之绿色照明与节能

李万里

摘　要：在绿色照明逐渐成为大势所趋之时，笔者结合参与的南京市天保街西侧第 4 初级中学的照明设计，分析了初级中学之绿色照明与节能设计，探索初级中学的绿色照明与节能之设计要点。

关键词：绿色照明，照明节能

1 绿色照明起源及理念

自 20 世纪 70 年代起，保护环境逐渐成为人类共识。如何保护环境？答案有很多种，"节能减排"是其中非常好的一种。简单说来，"节能减排"就是减少能源利用，包括寻找新能源替代不可再生能源，同时减少污染排放。当然了，"节能减排"包括很多方面，照明节能因为非常直观，一开始便受到了各国的重视。1991 年，美国环保局（EPA）率先提出实施"绿色照明（Green Lights）"和"绿色照明工程（Green Lights Program）"计划，并很快引起联合国和诸多国家的重视。

很快，我国也注意到了这一计划。1993 年 11 月，国家经济贸易委员会启动中国绿色照明工程，且于 2019 年该工程被正式列入国家计划，该计划的理念，旨在通过科学的照明设计，采用高效、寿命长、安全、性能稳定的照明器产品，改善甚至提高人们的学习、工作、生活环境的条件和质量，继而营造一个更安全舒适、高效节能，且对环境有益的社会氛围。

2 初级中学绿色照明与节能的意义

据统计，照明用电在世界各国的总发电量的比重，一直以来都占据着一个比较大的比重，约 10%~19%。按照这一比例计算，笔者参与的第 4 初级中学，如果采用更为合理的绿色照明与节能技术，将会对学校师生的学习及工作环境感受、学校的节能减排、学校的经济效益等，产生较大的积极影响。简言之，照明节能之于学校的绿色照明而言，非常重要。当然，在笔者看来，初级中学的绿色照明，绝不仅仅只看重学校的照明节能，还应讲究照明之于人和环境的友好互动，同时还讲求对于环境的保护。

3　天保街西侧第 4 初级中学绿色照明与节能设计要点

3.1　室内照明节能

（1）教室照度维持平均照度大于 300LX，功率密度小于 6W/m^2，在满足使用照度的同时，力求取得较小的功率密度值，以期达到照明节能之目标。此外，其他各房间或场所的照明功率密度值不高于现行国家标准《建筑照明设计标准》GB 50034—2013 规定的目标值。

（2）照明设计时，除特殊场所要求使用白炽灯外，其他场所全部使用紧凑型荧光灯或 LED 灯，相较于传统照明灯具，新型节能灯具预计可节电约 55%。

（3）照明设计时，采取细管三基色荧光灯替代传统的粗管荧光灯，即用 T5 细管荧光灯或高光效 LED 直管灯，替代 T8 等粗管荧光灯，预计分别可节电约 10%、28%，并可显著减少投资成本。

（4）在照明器的镇流器选择上，用 L 级电子镇流器、LED 恒压电源驱动器替代高耗能电感镇流器，保证灯具的功率因数大于等于 0.9。

（5）部分场所，诸如走道等，选用光效更加出色的 LED 节能灯替代细管荧光灯，力求更加节电。

（6）在经济性上，无论选用 LED 节能灯还是细管荧光灯，均选择寿命长的灯具，同时考虑价格因素，力求达到价格和寿命的平衡点，讲究经济效益，以节能且经济为目标。

3.2　室外照明节能

（1）在室外路灯选择方面，选用新型更高效能 LED 灯替代高压钠灯、金属卤化物路灯等传统高耗能路灯。

（2）在室外投光照明、泛光照明、草坪照明等景观照明设计上，选用新型更高效能 LED 灯、新型高压钠灯代替传统的金属卤化物路灯，在满足景观照明设计需求的同时，力求照明节能，并综合考虑经济效益。

（3）在照明器的镇流器选择上，用 L 级电子镇流器、LED 恒压电源驱动器替代高耗能电感镇流器，保证灯具的功率因数大于等于 0.90。

（4）在经济性上，无论选用 LED 节能型路灯，还是选用新型节能型高压钠灯，均选择寿命长的灯具，同时考虑价格因素，力求达到价格和寿命的平衡点，讲究经济效益。

3.3　照明控制及管理

（1）合理的照明控制及管理，能够很好地实现照明节能，对于第 4 初级中学的绿色照明来说，也是一件不可或缺的事情。

（2）照明系统中，需要常明区域，诸如大厅、走道，采取分区控制、隔灯跳控（可实现灯具全开或开一半）、智能控制等节能控制措施。

（3）照明系统中，可间歇照明区域，如楼梯采取触摸延时、声光控延时控制等节能控制措施。

3.4 合理控制照明回路电压偏差的意义

（1）合理控制照明回路的电压偏差，有利于提高灯具照明质量、寿命，有利于减少第 4 初级中学项目中灯具的自然损毁率，减少资金投入，同时也有利于减少灯具的后期维护，减少人工成本，同样属于"节能减排"，只不过有点"变相节能减排"的意味。

（2）正常运行情况下，用电设备端子处的电压偏差允许值，对于照明，室内场所宜为 ±5%，但在本次的学校照明设计中，努力控制线路最远端的电压偏差值在 ±4% 以内。

3.5 可再生能源利用

考虑到项目位于南京市，有丰富的太阳能，且屋顶具备良好的光伏发电设备安装条件，在初级中学屋顶合适位置设置有太阳能光伏发电设施，采取自发自用、余电上网的模式，其中光伏发电的一部分电能，供地下车库部分区域等处照明使用，以此来达到照明节能的作用。屋顶光伏发电总功率，占建筑物总变压器装机容量的 3.5%，采取自发自用、余电上网的模式，对于学校的节能减排大有裨益。

3.6 绿色照明节能设计综述

本次第 4 初级中学项目，在设计时，既要求满足《建筑照明设计标准》GB 50034 中相关节能要求，同时还要求选用节能且寿命长的照明器，以期达到绿色照明之基本节能要求。当然，无论是室内外的照明节能设计及节能灯具选型，或是采取的照明控制及管理方式，还是照明回路的电压控制，亦或是可再生能源在本次校园绿色照明设计中的节能示范作用，都属于广义上的绿色照明中建筑电气节能设计。那么对于第 4 初级中学而言，除了上述的绿色照明设计内容外，是否还存在其他意义上的绿色照明之建筑电气设计内容？答案显然是肯定的。显然教育护眼及环境保护的考量，也应该纳入校园绿色照明设计的考虑范畴。

4 教育护眼照明

（1）对于第 4 初级中学而言，绿色照明首先意味着节能设计；其次，绿色照明一定是对人友好的照明形式，给人一种舒适的照明感受和体验，显然灯具会给学校师生最直观的舒适感受，故而在进行绿色照明设计时，本案选择了对师生非常友好的照明器。

（2）项目中所选的对师生友好型的照明灯具，具备如下特征：

1）教室内色温（K）、显色指数（Ra）、统一眩光值（UGR）选择上，分别选择 5000 ± 280K、Ra ≥ 90、UGR ≤ 16，力求为教室使用者打造一个在色温、显色指数、统一眩光值上，都有舒适感觉的教育空间。其他各房间或场所的色温、显色指数等，也均按照现行国家标准《建筑照明设计标准》GB 50034 的相关规定，进行严格控制。

2）对于老师及学生经常关注的黑板一侧，采用微晶珠面光学防眩透光板的 LED 面板灯，严格控制眩光。

3）对于灯具本身的频闪效应控制，做到光频闪无危害或无显著影响（光输出波动深度 ≤ 1%），以达到人眼舒适的感觉。

4）而对于蓝光危害方面，做到灯具的蓝光危害为"无危险类"。

5）在复合生理指标所形成的评价光照及光介质（照明、显示、眼镜等），对于人眼视觉生理功能变化及视疲劳影响的指标，即视觉舒适度指标上，设计时考虑人眼视觉舒适度 VICO < 3。

5 环境保护

（1）对于第 4 初级中学而言，绿色照明设计，除了考虑照明节能设计、照明器对人的友好度外，还应该考虑照明器本身的制造等对环境的影响，并尽可能将照明器对环境的负面影响降低到一定的限度之内。具体来说，我们希望本案中所选择的照明器对于环境保护是起到积极作用的。

（2）本次初级中学的绿色照明设计，为了减少照明器本身对环境的影响，主要从以下几方面考虑：

1）对于室内选用的三基色荧光灯，优先选择缩小荧光灯管管径和改进荧光粉涂覆工艺、降低荧光粉用量的新型灯具，减少灯具在制造及使用过程中对于环境的影响。

2）对于室外选用的路灯，优先选用新型更高效能 LED 路灯，不再考虑有汞灯具，以期减少灯具在制造和使用过程中对环境的污染。

3）优先选择高效节能、寿命更长的灯具，尽可能减少资源浪费。

4）所选照明器需通过国家强制性 CCC 认证。

6 结束语

本文阐述了笔者对于南京市天保街西侧第 4 初级中学绿色照明与节能设计的经验和体会，以此作为与同行的交流。在如今社会经济快速发展的背景下，初级中学绿色照明与节能设计，一定还会出现其他更为先进的设计理念及照明器具，因此要想做好初级中学的绿色照明与节能设计，还需要我们一起不断努力、不断求索、不断创新，且与时俱进。

池州市池州学院

1. 合院式的教学楼
2. 中庭空间
3. 合院式的教学楼外观
4. 校园教学区主景

池州市第八中学

1. 鸟瞰图
2. 室外交流空间
3. 校园主入口

池州市杏花村中学高中部新校园

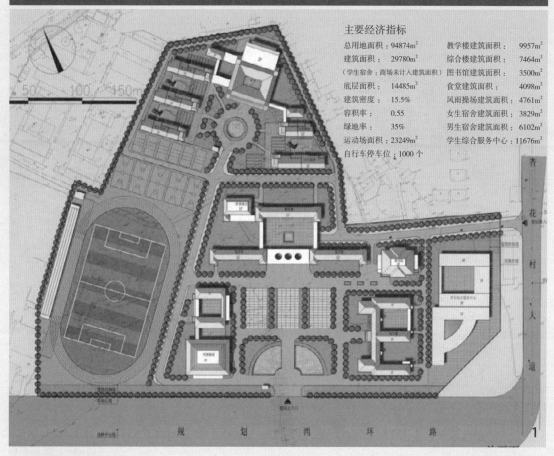

主要经济指标

总用地面积：94874m²	教学楼建筑面积： 9957m²
建筑面积： 29780m²	综合楼建筑面积： 7464m²
（学生宿舍：商场未计入建筑面积）	图书馆建筑面积： 3500m²
底层面积： 14485m²	食堂建筑面积： 4098m²
建筑密度： 15.5%	风雨操场建筑面积： 4761m²
容积率： 0.55	女生宿舍建筑面积： 3829m²
绿地率： 35%	男生宿舍建筑面积： 6102m²
运动场面积：23249m²	学生综合服务中心：11676m²
自行车停车位：1000 个	

1. 总平面图
2. "品"字形布局的教学楼

贵池中学秋浦分校（现池州市十中）

1. 鸟瞰图
2. 初中部教学楼外景
3. 教室外走廊局部加宽内外景

杭州市余杭区新城第二小学

1. 鸟瞰图
2. 沿街立面图
3. 中庭透视图

深圳市黄阁北九年一贯制学校新建工程

1. 鸟瞰图
2. 双层平台效果图
3. 模型展示一
4. 模型展示二

廊坊市第八小学投标方案

1. 鸟瞰图
2. 教学楼人视图
3. 礼仪广场人视图

昆山市加拿大国际学校一号综合楼项目

1. 综合楼立面
2. 架空层绿地
3. 大厅通风采光
4. 入口形象

深圳市汤坑第一工业区城市更新配套学校

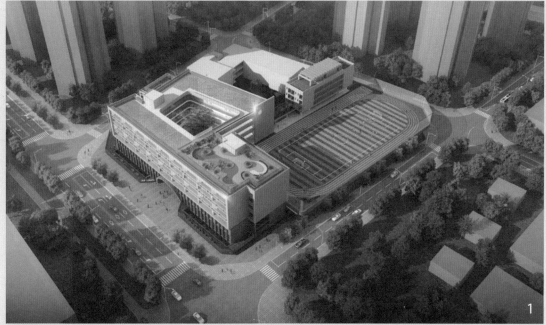

1. 鸟瞰效果图
2. 立面效果图
3. 入口效果图
4. 活动平台效果图

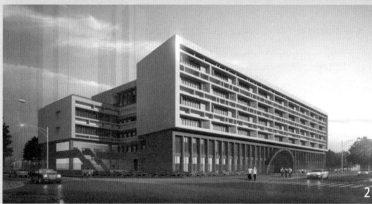

杭州市余杭区崇贤杨家浜小学

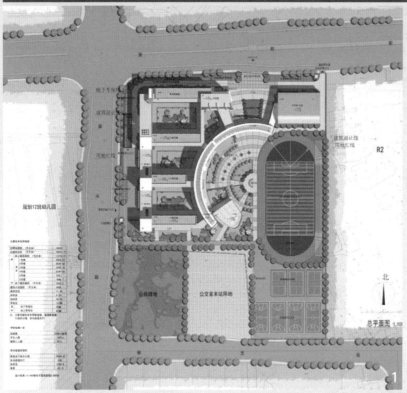

1. 总平面图
2. 鸟瞰图

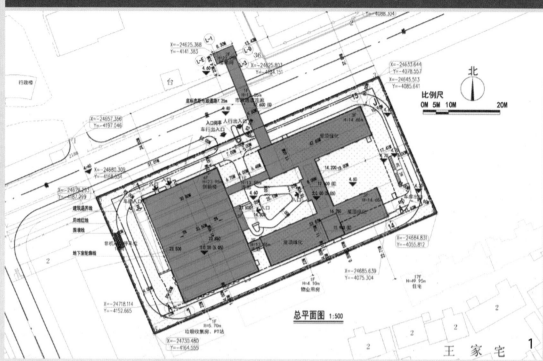

1. 总平面图
2. 鸟瞰图

深圳市梧桐学校改扩建工程

1. 鸟瞰图效果图
2. 立面效果图
3. 运动平台效果图
4. 足球场效果图

深圳市平湖街道平湖中学改扩建工程

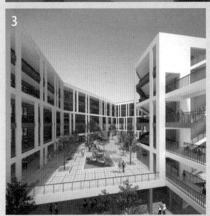

1. 鸟瞰效果图
2. 入口效果图
3. 活动平台效果图
4. 建成照片
5. 建成入口

深圳市木棉湾九年一贯制学校

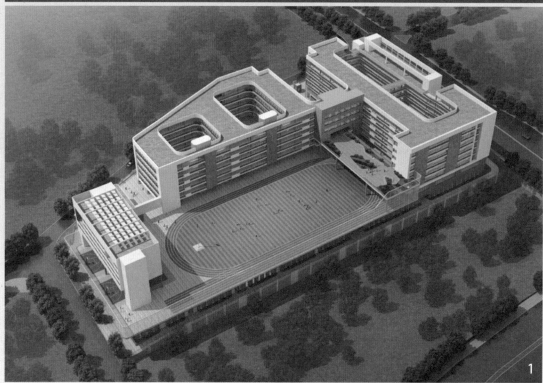

1. 鸟瞰效果图
2. 西立面效果图
3. 入口效果图
4. 活动平台效果图

杭州市城西第三幼儿园

1. 建成鸟瞰
2. 人视效果
3. 立面效果

南京市河西南部四号中学项目

1. 鸟瞰图
2. 西立面人视图
3. 东入口人视图

1

◇ 因地制宜营建绿色校园
── 池州市杏花村中学高中部新校园规划设计

龚蓉芬

摘 要：该文介绍了池州市杏花村中学高中部新校园规划设计的理念和方法。如何从分析到设计的立意；如何尊重地形，因地制宜进行规划设计；如何借鉴地域的特色进行规划布局；以及如何进行中西合璧，创造古为今用的 "徽" 而新的地域建筑风貌，供设计者参考。

关键词：绿色校园，因地制宜，组团式，中西合璧

安徽省池州市杏花村中学（高中部）新校园选址在池州市城区西郊，位于池州市革命烈士陵园的北侧，东为杏花村大道，南临规划中的西环路，北为住宅区，西为看守所。校园基地 140 余亩，高中部规划为 60 个班，每班 50~60 人，即有 3000~3600 名学生，200 余名教师，80% 的学生住校学习，男女生比例按 3：2 计算。

2004 年初接受此项工程设计任务，当时校方未提出具体的设计任务书，我们与校方及主管部门根据国家及地方有关中小学建设的标准共同讨论，确立杏花村中学各项设施用房的建设标准及总的建设规模。

绿色校园规划与设计的一条根本原则就是因地制宜进行规划与设计。因地制宜就是根据当地的情况，制定和采取适当的设计策略，做好这个校园的规划设计。我国幅员辽阔，不同地区的自然条件和资源条件、社会历史和文化背景千差万别，只有从分析本地区发展的条件，场地的主导因素，环境的特点和优势、劣势着手，因地制宜，规划设计出有自身特色的校园规划，才能达到绿色校园的要求，而不要生搬硬套，或者一成不变，不顾实际情况，机械地运用别人的经验或自己的套路，更不要照抄别人的办法，不根据地域环境和场地具体条件，盲目模仿别人，结果会适得其反。因此，我们进行这个校园的规划设计，就会遵循以下的原则。

1 从分析到立意

这个新校区选址坐落在杏花村。池州杏花村，唐代诗人杜牧一首《清明》诗："清明时节雨纷纷，路上行人欲断魂。借问酒家何处有？牧童遥指杏花村。"唱尽了杏花村春雨江南，唱出了一个千古名村。千百年来，杏花村被中国诗人千遍万遍吟诵。

池州是一座古城，现今也是安徽省历史文化名城。杏花诗雨，文人荟萃。池州有史以来，可查

阅的围绕杏花村歌咏的名家诗人就成百上千,杏花村当之无愧,称得上"天下第一诗村"。唐代的李白、张祜、白居易、杜牧,宋代的梅晓臣、司马光、李清照,元代的萨都刺以及明代的王阳明、董其昌等历代文人墨客都来造访过,并留下许多经典的诗词歌赋。除了诗文化,还有傩文化、酒文化、水文化、孝文化、黄梅文化及茶文化等,展现了池州深厚的历史文化底蕴。这就是该地域环境历史文化特色。

在这样的深厚的地域文化环境中,我们从事这个项目,就必须充分地将这一特定的地域文化特色融于建筑规划之中。

此外,基地本身也有它的特点。基地的南面就是池州市革命烈士陵园,是池州市爱国主义教育基地,也是安徽省国防教育基地。这个红色的"基因",成为该校园独一无二的环境优势,不仅自然环境优美,也是人文历史丰厚的环境特征(图1)。

(a)　　　　　　　　　　　　　　　　　(b)

图1　池州市革命烈士陵园
(a)纪念塔入口;(b)烈士陵园入口

该基地地形不规则,地势也较复杂,南低北高,南北高差达4.0m余,南面有水塘,这些外界因素,都给规划带来一定的挑战。

在分析上述环境特点后,我们这次规划设计的立意就是要充分地把地域文化特色和基地特色最大限度地因地制宜,充分发挥其各自的优势,避开不利因素,努力营造出具有个性的、现代化的、绿色的校园环境,在杏花村原生态的古朴中,书写"新"字,既对历史文化传承,又有对杏花村和杏花村文化外延和内涵的拓展。承古而不泥古,创新而又不毁地域环境的风貌。

2　尊重地形,因势规划布局

为了营造绿色校区,就应该遵循绿色建筑设计的原则,就是要尊重自然;新工程的规划和建设就要尽量少破坏自然,多保护自然。因此规划设计首先要充分尊重地形地貌,因地势地形而设计,不采取将基地挖平,把水塘填平的办法。校园基地,北高南低,北面临住宅区,南面面向池州革命烈士陵园,东边临商业街,而且西、北部分地形又不规整,在这样的具体地形中,就把学校用地分为4个不同的功能区,教学区置于南面,生活区置于北面,运动区在西边,对外辅助用房置于东边,

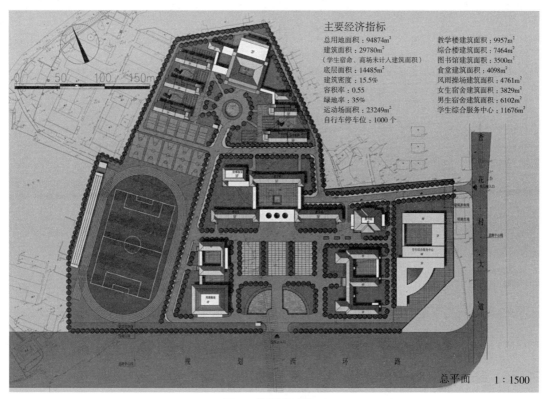

主要经济指标

总用地面积：94874m²	教学楼建筑面积：9957m²
建筑面积：29780m²	综合楼建筑面积：7464m²
（学生宿舍、商场未计入建筑面积）	图书馆建筑面积：3500m²
底层面积：14485m²	食堂建筑面积：4098m²
建筑密度：15.5%	风雨操场建筑面积：4761m²
容积率：0.55	女生宿舍建筑面积：3829m²
绿地率：35%	男生宿舍建筑面积：6102m²
运动场面积：23249m²	学生综合服务中心：11676m²
自行车停车位：1000 个	

总平面　　1：1500

图 2　校园总平面图

临街布置，并把教学区和生活区布置在 15.64~18m 不同的高度地段上（图 2），这样，学生生活区就与相邻的东西两侧住宅区的地平相仿；生活区置于高处，教学区置于低处，使校园自然有了高低起伏的变化。生活区地形不规整，建筑就采取指状长短不一的自由式的建筑布置方法；南面教学区，面对革命烈士陵园，教学区就采取中轴线对称的布局方式，面对着烈士陵园。学校正门（主要出入口）和升旗广场就布置在中轴线上，这种严整对称的建筑布局与遥遥相对的庄严肃穆的烈士陵园相呼应，不论课间休息在教学楼的走廊上或者活动在广场中，都能看到高大、宏伟的革命烈士纪念碑，尽情享受着革命传统教育，这样对青年学生爱国主义教育产生潜移默化的影响。这样的规划充分利用和发挥了环境特色的优势，充分利用了无形的红色人文资源（图 2）。

在基地的南面，有一个大水塘，而且水面较大，我们没有把水塘填平，而是保留它，通过合理规划，把它建成一个"泮池"（泮水），泮池形状如半月形，泮池上设计有状元桥，桥身也成拱月形。泮池，为旧时学宫前的水池，明清时建成的池州府孔庙就建有泮池、状元桥、大成门、大成殿等，考取功名者都要在这里举行仪式庆贺。这个新的校园规划利用原有的水塘建成"泮池"和"状元桥"，就是借用地域文化的因子，寓意学校能培育出当今高考时的"状元"式的人才，能培育出与"天下第一诗村"相匹配的当代"诗仙""诗圣""诗佛"或"诗魔"般的诗杰人才。

在基地的中部，有一条高压线，横跨校园东西，另有一条与之相平行的水泥道路，这条高压线对校区规划不利，建议搬迁，但一时未能搬迁，因此在校园规划中第一期建设工程就要避让它；对于原有的东西向的水平道路没有废弃它，而是利用它作为新校区园中东西方向的一条次轴线，构成新校园"十字形"道路骨架，在此基础上，又规划一条外环道路把四个功能区连接起来，从而形成校园有机的道路交通网格体系（图 3）。

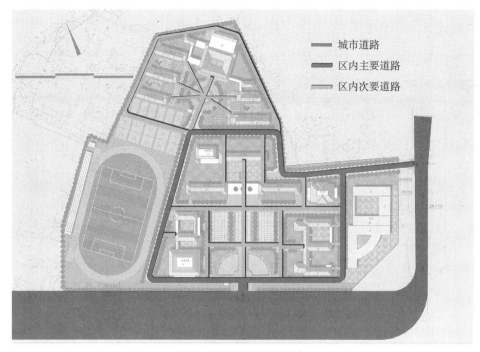

图3　校园道路交通系统

3　借鉴地域村落建筑形态，形成组团式建筑布局

皖南山区历史悠久，文化积淀深厚，保存了大量形态相近、特色鲜明的传统民居及其村落。这些村落都与地形、地貌、山水巧妙结合，成簇布局，创造了独特的村落景观和优雅的生态环境，具有浓郁的文化气息。因此，我们借鉴传统村落形态，利用地势高低，把生活区和教学区分为若干个组团，成簇成群地布置于园林绿地之间（参阅图2）。

教学区设有三个组团，其一是位于南北主轴线上的教学楼，它由三幢教学楼组成，分别为高一、高二和高三年级。每个年级20个班，教学楼为5层，每层4个教室。三幢教学楼呈"品"字形布置，均南北朝向，三者之间以廊相连，形成开敞的三合院的形式（图4）。

图4　"品"字形布局教学楼

其二是主轴线东侧的实验综合楼，包括各类科目实验室及行政办公用房及图书馆，实验楼两幢，他们与教学楼、图书馆相近。行政办公楼布置于前面，靠近学校正门，这样他们对内、对外都较方便（图5）。

图5　综合实验楼

其三是南北主轴线两侧的风雨操场艺术楼，包括风雨操场和艺术楼（图6）。

图6　风雨操场艺术楼

三组建筑成团布置，三者之间也呈"品"字形格局，中间形成一个大的中心广场——礼仪广场。礼仪广场主要由绿地、铺地、草坪构成。60个班按三个年级列队，可以全部井然有序集会于一个场地，便于举办升旗仪式和各类大型室外活动。

学生生活区自成体系，也由三个组团组成。

其一是男生宿舍区，位于该区西部，由三幢宿舍楼组成，可容纳1500名学生住宿（图7）。

图7　男生宿舍

　　其二是女生宿舍区，它位于生活区的东部，由两幢建筑组成，可容纳900名学生住宿（图8）。

　　其三是学生食堂，它位于生活区的中心部位，介于男女生宿舍之间。食堂前面设计有绿化和广场，后面有服务院子。其两侧布置有男女浴室，分别临近男女宿舍，使用方便（图9）。

图8　女生宿舍

图9　食堂

　　生活区靠近运动区，到教学区也很方便，形成了理想的三区（生活区、运动区、教学区）"三角形"的布局关系。运动区位于校园西南部，它与学生生活区南北前后毗邻，与教学区东西相邻。三者彼此往返都十分方便、近捷，同时又可闹静分离，运动不干扰教学活动。运动区有一个标准的400m六跑道的田径场，六个篮球场，六个排球场及其他室外运动场地。风雨操场艺术楼位于它的东侧（图10）。

　　在生活区内还设计了一幢单身教工宿舍，可供30名教师居住。它靠近学生宿舍，有利于师生接近、交流，便于管理工作。

　　生活区由这三个组团共同构成了一个有机的、多层次院落、设施齐全的整体。有一个总的生活区出入口，可以实行两级管理。即生活区统一管理和分幢管理两种，或实行男生区和女生区分别管理，在规划设计时都为其创造了条件。

（a）

（b）

图 10　运动区外貌

4　中西合璧，古为今用的建筑设计

　　校园内的建筑物主要在两个区域，即教学区和生活区。这两个区域功能性的建筑，采取了完全不同的建筑形态。教学区内的建筑物采用了现代西方学校的建筑形式：红砖墙，红屋顶，大玻璃窗。生活区内的建筑则采用了中国传统的皖南地域的建筑形式：灰屋顶，白墙面，马头墙。两者形成鲜明的对比，这种中西合璧、古为今用的建筑风貌，寓意着两组功能区的不同的历史文化渊源。

　　中国传统教育，是由私学、官学构成的，以科举制为主体的教育，而现代的分科性质的教育体制，是清末、民国初年从西方引进的，我国的现代教育，不论是小学、中学或大学，都是在西方教育模式的基础上发展起来的。因此，将教学区的建筑采用西方的现代建筑模式，而生活区的建筑采用传统的地域建筑形式，因为这是我们千百年传承下来的居住建筑模式（图 11、图 12）。

图 11　教学区建筑风貌

图 12　生活区建筑风貌

　　虽然建筑形式采用了两种截然不同的风格，但是每一类型的建筑却是按照中国现行的教育要求精心设计的。

　　教学楼采用南向外廊式平面布局，每层 4 个教室，每个教室大小为 9.6m×7.2m，实际使用面积为 67m²。每层设有两间教师办公室、休息室，师生卫生间分开设置，男女卫生间分置于教学楼的两端。教学楼为五层（图 13）。

　　实验综合楼置于中心广场东侧，共有三幢建筑，设连廊相通。其中，北面和中间一幢为物理实验室、化学实验室和生物实验室，南面一幢为史地教室、劳作教室及行政办公用房（图 14）。三种建筑均采用单廊式平面布局，以创造最佳的自然采光和自然通风条件。

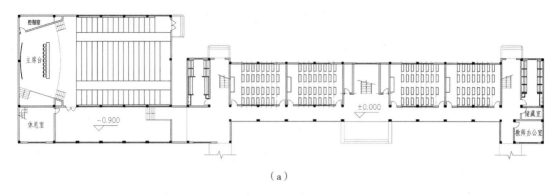

（a）

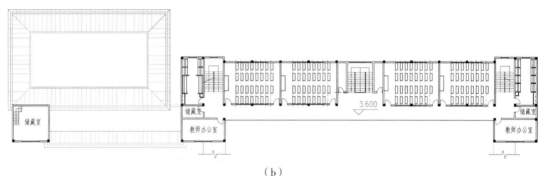

（b）

图 13 教学楼平面图
（a）一层平面；（b）二层平面

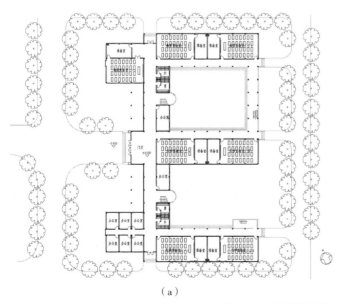

（a）

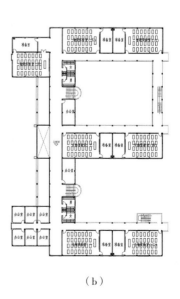

（b）

图 14 综合楼平面图
（a）一层平面；（b）二层平面

风雨操场艺术楼位于中心广场的西侧，与运动区相毗邻（图15）。一幢为风雨操场位于南面，一幢为音乐、美术、舞蹈及科技活动楼，位于北面，风雨操场艺术楼可多功能使用，内可布置活动的篮球场、排球场，供教学和正式比赛之用，也可用于集会和文艺演出，设有活动看台。

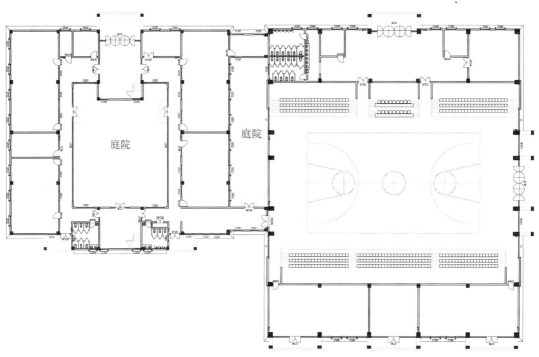

图 15　风雨操场艺术楼平面图

图书馆作为一幢独立的建筑，布置于校区的东侧，介于教学楼与实验楼综合楼之间，远离运动区和主要干道，使用方便又环境安静。图书馆建筑为四层，一层为外借、管理和书库，二层为学生阅览室，三层为教师阅览室及电子阅览室，四层为语音室等（图16）。

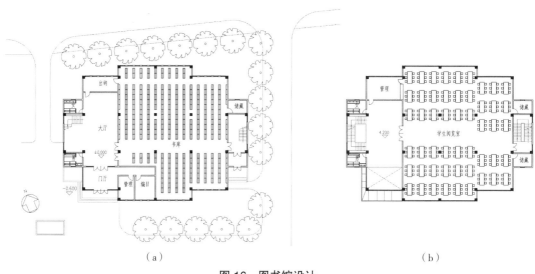

（a）　　　　　　　　　　　　　　（b）

图 16　图书馆设计
（a）一层平面；（b）二层平面

男生宿舍楼为外廊和中廊相结合的建筑，共5层，每层有10间宿舍，每间宿舍住10人，房间宽3.6m，深6.4m。高3.6m，每层住100人，每幢500人，三幢共住1500人（图17）。

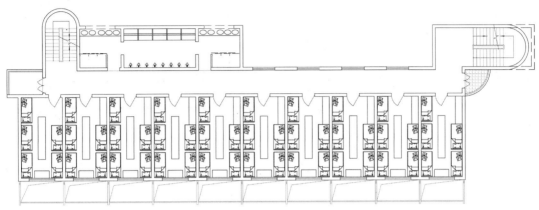

图17　男生宿舍平面

每层设置集中的盥洗室及厕所，在底层入口处设置值班管理间，可以分幢进行管理。

女生宿舍也为外廊和中廊相结合的建筑，共5层，房间大小和设施与男生宿舍相同。它共有3个单元，每个单元可住300人，3个单元共住900人（图18）。

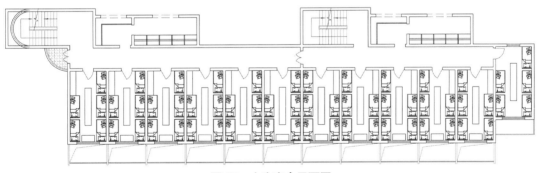

图18　女生宿舍平面图

食堂为二层大空间建筑，厨房紧贴其后，也为两层，分主食和副食操作间（图19）。

图片来源

所有图片来自于建学建筑与工程设计所有限公司江苏分公司。

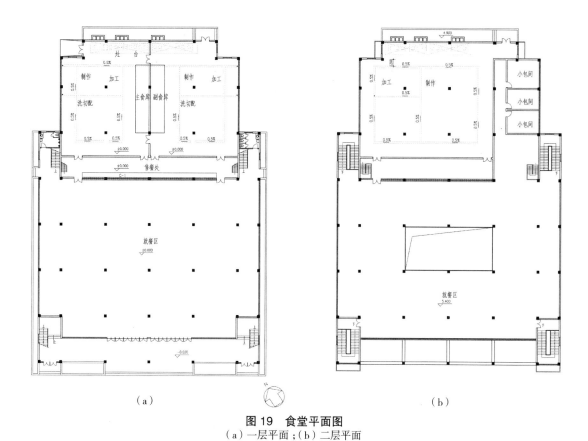

（a）　　　　　　　　　　　　　　　　（b）

图 19　食堂平面图
（a）一层平面 ;（b）二层平面

2

◇ **安徽省贵池中学秋浦分校（现池州市十中）规划设计纪实**

龚蓉芬

摘　要： 本文从绿色校园理念出发，介绍了池州市贵池中学秋浦分校的规划设计纪实，即如何解决基地与外部条件的矛盾、如何利用地形资源、如何解决与城市道路之间的竖向问题，改变地形的劣势，尊重现状，利用自然，为我所用。

关键词： 因地制宜，合理布置，尊重自然，利用自然，绿色校园，交通组织

　　安徽省池州市第十中学是一所包括小学部和初中部在内的九年义务教育新型学校，学校规模设定为 60 班，其中小学部（1~6 年级）24 班，初中部（7~9 年级）36 班，共有学生 1740~1800 人。校园位于池州市百牙东路北侧，坐北朝南，西邻啤酒厂，东邻一组民房，北为空地。基地为一片荷花塘，地势低洼，与南临的城市道路——百牙东路标高之差达 1.5m 以上。基地中部有一条南北向长长的水渠，基地面积 5.4 万 m^2，地形基本方整，东西长约 200m，南北长约 276m（图 1）。

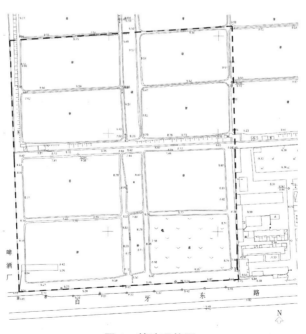

图 1　基地现状图

161

1　规划设计基本构思

该项目由小学部和初中部组成，规划的基本构想必须遵循既分又合的理念，充分考虑教学过程的使用特点，既能做到资源共享、节约投资、节约土地，同时又满足各自的使用功能且避免彼此干扰。合理有效地安排好建筑用地、绿化用地和活动场地。

要适应学校教学改革的需要，适应新的重在素质教育的开放的教育理念，规划设计应立足于创建一个开放的、可持续发展的绿色校园，合理布置建筑物的关系和方位，做到低能耗的通风换气，使更多的空间有利于学生的学习和交流。

新校园建设要求在省内应该是一流的，无论是面积标准、教学设施、规划设计、建设、管理都应该体现一流的水平，并要有一定的前瞻性，坚持可持续发展设计理念，尊重自然、利用自然是本项目规划设计的基本原则。

2　因地制宜，合理布局

2.1　功能分区

分析基地现有的情况，基地中间（略偏东）有南北向的长长的水渠，将基地划分为东西两部分，根据这一地形进行合理的功能分区，将初中部设置在西边，小学部设置在东边，中部布置着初中部和小学部共享的建筑设施，如图书馆、办公用房、综合活动教室及风雨操场等，并利用中部的水渠，将其设计成校园的景观带，以景观带为轴线，有序地进行各项教学设施的布置。从南到北，布置着校前区、教学区和运动区三个部分（图2、图3）。

2.1.1　校前区

校前区布置有主入口南校门、图书馆、办公楼及800座的多功能厅，还留有苗圃及扩建用地。图书馆、办公楼退后道路红线60m；多功能厅置于校前区西侧，既方便对外使用，又可增加城市景观。

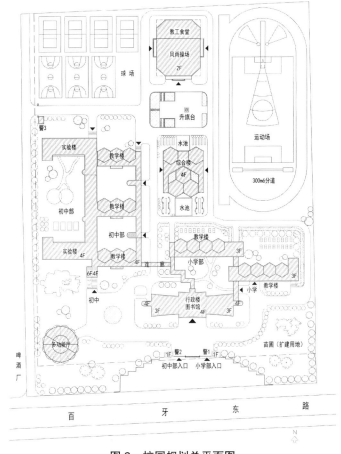

图2　校园规划总平面图

校前区是校园人流的交通集散地，进入校门后，人流分东、北、西三个方向分流。

2.1.2 教学区

教学区布置在校园的中段，初中部与小学部东、西分置，人流进出各自方便，互不干扰；两部分共用的教学用房和设施则布置二者之间，相互使用均方便；且设有二层连廊，将三部分方便地连接，并能遮阳避雨。

教学区的南向第一排教室离城市干道路边80m，以保证教室的安静。

2.1.3 运动区

运动区设在校园北部，运动场地也是东西分置，东边为300m跑道的运动场，西边安排有3个篮球场和4个排球场。为减少土方工程量，运动区的地面标高略低于教学区。

2.2 出入口与交通组织

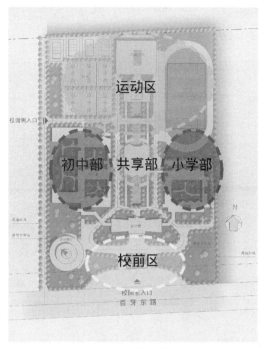

图3 功能分区图

整个校园设置两处出入口，主要入口设在南面百牙东路上，次要入口设在西面，西门主要供自行车和后勤进出。

南校门实际有两个出入口，自然形成高、低年级分流，这两个8m宽的出入口均后退道路红线20m，并且在入口广场东西宽100m范围内又后退道路10m，并逐级往大门处后退至20m，形成了一个喇叭形的缓冲地，给学生出入、家长接送、等待提供了方便，也有效地减少了对城市道路的压力（图4、图5）。

图4 校园规划鸟瞰图

图 5　校园入口广场

校园的主要道路由一条从南到北围绕着中心部分的环形道路和一条东西向的中部道路组成。通过环形道路将教学用房分为三个功能区，即东部的小学部、西边的初中部和中间的共享用房区；该环形主道从南面校园主入口进，绕过图书馆行政楼形成东、西两侧两条平行道路通至北面的风雨操场及运动场地，并在风雨操场北面相接，形成"钥匙形"，可寓意为一把开启知识世界的金钥匙。

次要道路为通向各个教学楼和连接东、西、中三部分的道路。

道路的宽度主要根据学生人流的多少来决定，南入口处的东西向主干道宽为 9m，人流东西分流以后，南北向的主要道路则宽为 6m；教学楼北面的东西向的道路宽为 6m，其余通向教学楼入口的道路则宽为 4m。

车行道（自行车和机动车）则从西门进出，自行车通过中部东西向的主要道路进入各教学楼下架空层的停车场，这样人流和车流则通过前、后分布和立体交叉的办法将它们完全分开，确保校内的安全。同时，校内的环道均可作为消防车道使用。

3　尊重和利用自然

（1）由主轴的景观带和两侧的院落景观点组成校园景观体系。

校园规划利用基地原有的水渠作为贯穿校园南北向的景观轴，南校门、图书馆、行政楼、专用教室综合楼、主席台、升旗台及风雨操场等共享设施都布置在这条景观轴上。建筑物之间保留水池，建筑物互为对景，水池两侧设计了二条带形的休闲绿地带，安排有花架和休息座，供师生们课外享用。

院落景观：教学楼之间及教学楼前后绿地作为院落景观，为两边教室提供绿色视野（图 6）。

校前区景观：校前区景观由大门、图书馆行政楼、多功能厅及绿化组成，既是校园之景，也给城市街道增加景观空间（图 7）。

图6 院落景观

图7 校前景观

（2）由于建设基地低于城市道路，地势低洼，为了避免大量填土工程增加造价，将单体设计的底层架空作为停车及雨天的活动空间，架空层层高2.2m。

4 主要建筑设计介绍

4.1 小学部教学楼（1~6年级）

小学部有前后两栋共设24个班，每一年级4个班，每栋三层12个班。每层为4个教室，供一个年级使用，一层为低年级（1~2年级）教室；二层为中年级（3~4年级）教室；三层为高年级（5~6年级）教室。

平面采用南廊，以适应冬冷夏热的气候特点。所有教室均为南北朝向，创造了很好的自然采光和自然通风条件。

所有辅助用房布置在教学楼两端，每个教学单元均设有卫生间以及朝南的教师办公休息室（图8）。

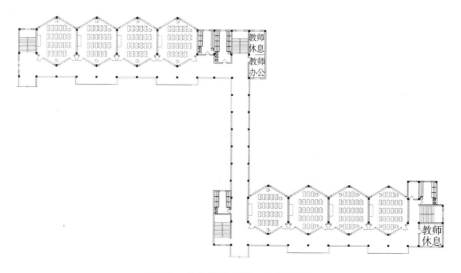

图8 小学部教学楼一层平面图

教室采用边长为 5m 的正六边形平面，它按满座 50 个座位设计。六边形的平面有利于学生的视线和教室的音响，最佳的视区（中区）能布置最多的座位，尽量减少偏或远的视距座位数；两侧不平行的墙面利用声波反射，改善教室音响，同时六边形教室比较新颖，能带给学生空间形式的新鲜感（图 9）。

（a） （b）

图 9 六角形教室内景与外景
（a）内景；（b）外景

教学楼设计贯彻了新的教学理念，即有利于素质教育、开发创新思维的开放的教育理念，每个教室可以适应讨论式的"围圈圈"的布置，为教学行为的变化创造有利条件。

此外，为了增加学生之间的交往，除了课堂学习外，彼此的交往也是学生获取知识的重要渠道，因此，将教学楼的外廊局部向外放宽至 2.4m，为学生停留、交流提供了空间，使走廊不仅仅单一地用作交通使用。教学楼层高为 3.6m（图 10）。

（a） （b）

图 10 教室外走廊局部加宽内外景
（a）外景；（b）内景

4.2 初中部（7~9 年级）

初中部教学楼共设 36 个班，每年级有 12 个班，设计为 3 栋四层教学楼，每层为 3 个教室，每栋的底层为 7 年级，二层为 8 年级，三层为 9 年级。

教学楼也采取院落单元式布局，3 栋教学楼组成两个院落，院落南北间距 25m，采用南外廊教室为六边形平面，走道与小学部相同。楼梯及辅助用房也布置在教学楼的两端（图 11）。

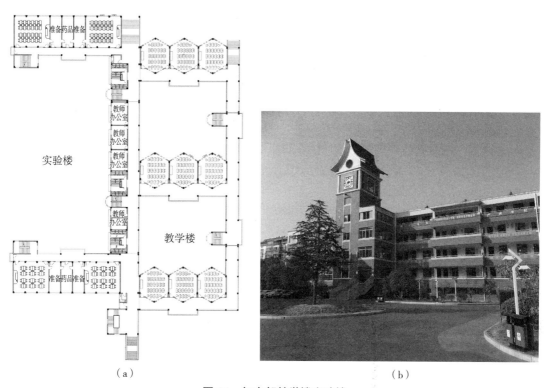

（a）   （b）

图 11　初中部教学楼实验楼
（a）初中部教学楼实验楼一层平面图；（b）初中部教学楼外景

实验楼主要供初中部使用，因此将它布置在初中部教学楼西侧，分南、北两栋四层，采用南北外廊两种形式，也采用局部出挑加宽的做法，提供学生停留交往的空间，两栋实验楼之间也形成一个较大的院落空间。

4.3 共享设施

4.3.1 图书馆、行政楼

图书馆和行政办公楼合在一起，构成一个体量较大的建筑，布置在校园主入口的轴线上（正前方），图书馆设在一层，行政办公楼直上二 ~ 四层，互不干扰。一层图书馆分东、西两部分，分别为小学部和初中部使用，二者也由通廊联系。

行政楼设在 2~4 层，可通过二层通廊与东西两侧教学楼等部分联系（图 12、图 13）。

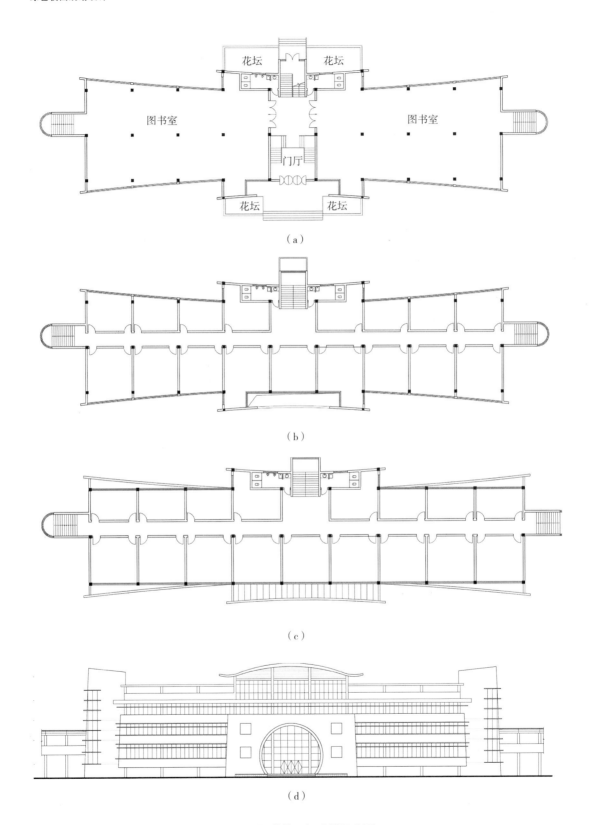

图 12　图书馆、行政楼平立面
（a）一层平面；（b）二层平面；（c）三层平面；（d）南立面

图13　图书馆、行政楼外景

4.3.2　专用教室综合楼

综合楼由五个六边形的平面单元拼连组成，综合楼内安排了微机教室，多媒体教室，美术、音乐、舞蹈教室，书法、语音教室等和科技活动室及教师会议室，共四层。

综合楼内有三个六边形教室，是可分可合的，按照教学需要可以灵活分隔。

4.3.3　风雨操场

风雨操场坐落在北部景观轴线的终端，是轴线的压台，采用长八角的平面，方形整体屋盖，形式新颖，时代感强，屋顶的立面线型有似贵池中学的校门，有些使人产生与贵中的联想。

风雨操场分上、下两层，一层的北部为教职工食堂，南部为室内乒乓球室等体育用房及器械用房；二层为大厅，中间可布置一个标准的篮球场，也可作为排球场，两边各可设置6排看台，可容纳600个座位，加上临时座位，总座位可达800个。

4.3.4　运动场地

风雨操场东侧为300m跑道的田径运动场，跑道为6分道，场内设跳远、标枪、铅球等设施；其西侧有3个篮球场和4个排球场，室外乒乓球台布置在教学楼的院落中。

4.3.5　多功能厅

多功能厅置于校前区西侧，有一定独立性，供校内、校外使用，对外使用时不影响校内教学秩序。多功能厅采用圆形平面，有意识地在校园中采用多种几何图形（方形、六边形、八边形及圆形）建筑，以不同的建筑形象增加校园环境的美感。

多功能厅一层，可容纳780个座位（460×880），设有进深7m的舞台，可供会议及小型演出使用，两边有较宽阔的休息廊，也可作陈列廊；后台部分设有独立的空间，可作对外接待或培训用房；多功能厅也采用架空层设计方式，下部供停车之用。

多功能厅造型结合室内不同的高度需求，设计成有动感的螺旋式的、节节升高的形象，中间部位结合大厅的自然采光和通风，设计成一个玻璃的圆锥体，像一颗嫩芽拔地而起，也象征一颗新的星光喷射而出。它是一个标志，也是校园内外的一个景点。

5 技术经济指标

总用地面积：	54800m²
总建筑面积：	27105.8m²
占地面积（底层面积）：	8867.8m²
建筑密度：	16.18%
建筑容积率：	0.49%
绿化率：	36.7%
运动场面积：	15745m²
各项建筑面积（总面积）：	27105.8m²
小学部教学楼：	4344m²
初中部教学楼：	7118m²
专用教室综合楼：	5200m²
实验楼：	3551.6m²
图书馆行政楼：	2877m²
风雨操场：	2173.6m²
多功能厅：	1390m²
南警卫室1、2：	40m²
西警卫室：	12m²

3

◇ 论高校体育馆绿色建筑设计策略
—— 以深圳两个大学体育馆为例

艾志刚[①]

摘　要： 如何在保证体育馆功能与舒适的前提下，减少体育馆建筑的土地消耗，提高建筑的使用效率、节省能源和材料、降低投资和维护成本，是高校体育馆绿色建筑设计需要着重思考的问题。本文通过对两个实际案例的分析总结，对此做了初步探讨。

关键词： 高校体育馆，低碳建筑，节能设计

1　高校体育馆绿色建筑设计意义与目标

体育馆是大学校园建筑的重要组成部分，高校体育馆既与普通体育馆有很多共同之处，也有大学特殊性。除了日常的体育课教学、体育比赛之外，体育馆也经常举办大型会议、文艺表演等。高校体育馆通常包括篮球馆、羽毛球馆、乒乓球馆、体操馆、游泳馆等，也有几个不同场馆组合在一栋建筑之中。高校体育馆既有附带观众看台的比赛型场馆也有无观众看台的训练型场馆。

传统体育馆多采用封闭的外形，完全依赖人工照明和空调，使用中不但能源消耗大，而且运动员与观众长时间处在与外界隔离的空间内，容易产生身体与精神上的不适。如何在满足功能要求和舒适的前提下，提高体育馆的建筑生态效率，实现节能、低碳的绿色建筑目标，需要在节约用地、能源、材料、用水和环境保护等几个方面进行认真思考，做出最优化选择。

下文以笔者主持设计的两个高校体育馆为例，进一步探讨绿色体育馆设计策略。案例一，深圳大学西丽校区体育馆（图1，总面积 $18682m^2$，下文简称深大体育馆）；案例二，深圳北理莫斯科大学体育馆（图2，总面积 $6826m^2$，下文简称北莫体育馆）。

图 1　深大体育馆外观

① 艾志刚，深圳大学建筑与城市规划学院教授，博士，一级注册建筑师。

图2 北莫体育馆外观

2 高校体育馆绿色建筑设计策略

2.1 多馆合一提高土地利用效率

由于体育馆具有大跨度空间特征，建筑高度和层数受到较大制约，因而比教学楼、宿舍楼消耗更多的土地资源。因此，将不同的场馆合并在一栋建筑中，是提高体育馆用地效率行之有效的办法。

深大体育馆主馆按照正规篮球比赛场设计，设有观众座席3400多个。同时，在观众看台下方设置了乒乓球馆，入口台阶下设置体操训练场，提高了建筑利用效率，有效地节约了校园土地（图3、图4）。

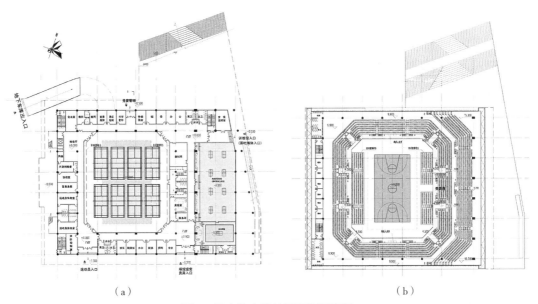

（a）   （b）

图3 深大体育馆馆平面图示意图
（a）一层平面；（b）二层平面

北莫体育馆采用球类馆与游泳馆双馆合一模式。一楼为游泳馆，设置了 25×50m 的标准室内游泳。二楼为篮球等球类馆，可容纳三片标准篮球场，也可进行羽毛球、排球、乒乓球训练和比赛（图5）。

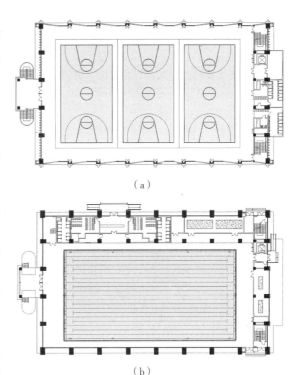

图4　深大体育馆剖面示意

2.2　灵活多变的建筑空间

高校体育馆作为一个校园内最大的室内空间，除了用于体育运动外，还经常用于举办大型的会议、演出、展览等活动。因而提高体育馆功能的灵活性，满足多种使用要求，成为高校体育馆绿色设计重要内容。

深大体育馆的主场馆设计力求兼顾三种功能模式：比赛模式、文艺演出与会议模式（图6）。（1）比赛模式，设置比赛场地、观众座位、运动员准备区、裁判工作区等等；（2）文艺演出模式，如音乐演唱会、舞蹈、戏剧等，观众座位区采用非对称设计，便于搭建临时舞台；（3）会议模式，设置贵宾主席台、灯光音响设备等；（4）其他模式，兼顾举办开学典礼、毕业典礼、集体宴会等活动。首层的运动员准备区与裁判工作区，在非正式比赛时期，可作为学校的辅助用房，如教师休息室、咖啡厅等使用。

大型体育馆往往设有广场、门廊、架空层、入口台阶等室外或半开敞空间。这些空间如组织得当，不但可以有利体育馆交通组织，也可丰富体育馆的活动内容，如举办露天集会、室外展览、广场舞等，增加体育馆活力。

（a）

（b）

图5　北莫体育馆平面示意图
（a）二层篮球馆；（b）一层游泳馆

（a）

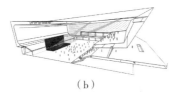
（b）

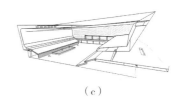
（c）

图6　深大体育馆三种使用模式
（a）比赛模式；（b）文艺演出模式；（c）会议模式

深大体育馆的观众大台阶上方可作为露台剧场，台阶下部用作体操、舞蹈练习场。二层平台经常吸引广场舞爱好者（图7）。体育馆运动区内设置活动座椅，让空间功能变化方便灵活（图8）。

图7　深大体育馆二层平台与架空层，方便人员集散
　　　和举办室外集体活动

图8　体育馆运动区内设置活动座椅

2.3　被动式节能技术运用

被动式节能技术主要是通过建筑自身的空间形式、围护结构、建筑材料与构造的设计来实现建筑的节能环保。例如合理的形体和朝向设计，自然通风和采光，外围护体的隔热保温性能、外窗的遮阳等，可提升体育馆低碳节能标准，同时维护成本低。

深大体育馆形体方正，南北向采用大面积玻璃幕墙，东西则以实墙为主，让观众厅得到较充足自然光线，减少灯光照明的需要。玻璃幕墙上设置电动开启窗，在不开空调时，通过开窗引入新鲜空气和用于降低室内温度（图9）。

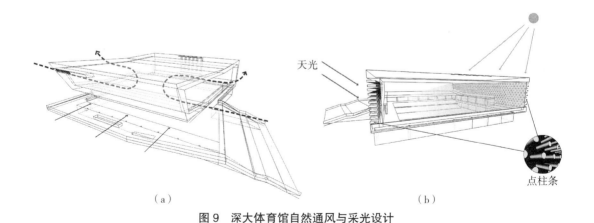

（a）　　　　　　　　　　　　　　　　（b）

图9　深大体育馆自然通风与采光设计

北莫体育馆在屋面中部设置通长天窗，白天运动场地光线充足，完全不用灯光照明。天窗内设半透光窗帘以遮挡直射阳光。两侧墙面设有玻璃窗，用于自然通风降温，提高室内舒适度（图10）。

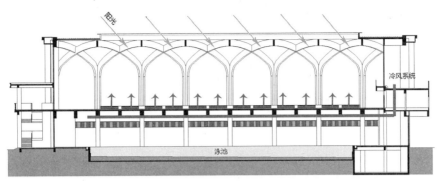

图10 北莫体育馆自然采光与底部空调送风模式

2.4 轻型化大跨度结构选型设计

由于体育馆需要高大的使用空间，大跨度屋面结构占据体育馆建筑成本和材料消耗很大比重，因而，合理的结构形式选择对体育馆绿色设计关系重大。常见的大跨度结构有框架梁、桁架、网架、拉索、拱圈等。不同结构体系其适应范围、经济性也不同，需要依据具体情况综合分析，做出合理选择。一般来说，选择轻型结构有利于节约材料、降低成本。

深大体育馆采用钢网架结构，结构自重轻并与建筑空间尺度吻合（图11）；北莫体育馆采用双向叉拱钢梁结构，实现了节材与美观双重效果（图12）。

图11 深大体育馆的钢网架结构

图12 北莫体育馆的双向叉拱钢梁结构

2.5 多功能屋面系统

建筑外围护构造体系，如屋面、墙面等，需要满足防水、保温、耐久、美观等综合要求。传统的屋面围护构造存在自重大、耐久性差等问题。深大与北莫两个体育馆的屋面材料均采用多功能屋面系统，实现了自重轻、节能、降噪等综合要求（图13）。

多功能屋面系统的组成如图13所示，其中铝镁锰板具有防水、耐久、抗变形的作用；岩棉保温层具有保温、隔热、防火的作用；吸音层具有吸收环境噪声、降低室内混响时间的作用，满足会议建筑声学要求；多孔轻钢板起到支撑和透声作用。

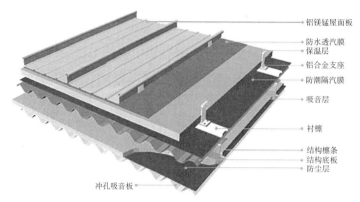

铝镁锰屋面板
防水透汽膜
保温层
铝合金支座
防潮隔汽膜
吸音层
衬檩
结构檩条
结构底板
防尘层
冲孔吸音板

图 13　多功能屋面系统

2.6　空调系统

空调系统对南方的体育馆建筑必不可少，同时由于空调系统体积大、风管粗，对建筑层高、美观有很大影响。

深大体育馆观众厅采用上送下回空调系统，利用网架结构的闲置空间布置风管，不占用有效层高，结构与空调管线有机融合。

北莫体育馆二层篮球馆采用地面空调送风系统，空调管道布置楼板下方，屋面天花没有空调管线，从而节省了空间高度，拱圈结构表现简洁、完整。

3　结语

为达到低碳环保的绿色建筑设计理念，高校体育设计需要在提高建筑使用效率、减少土地占用、节约能源、节约建筑材料、降低投资和维护成本等多方面进行研究。建筑设计上需要从任务书的功能整合、建筑选址布局、朝向、空间定型、结构选型、材料选择、空调等设备管线安排等多个方面进行综合考虑。由于每个项目的建设不尽相同，需要依据具体情况，因地制宜找出最佳合理方案。我们所作的深大与北莫两个体育馆设计对以上问题进行了思考和实践，从整体使用情况来看，基本达到预想的目标，也受到使用方的肯定和好评。

参考文献

[1] 姚怡聪，李岳岩. 基于绿色建筑理念下的体育馆建筑设计分析 [J]. 城市建筑，2019.
[2] 黄晓丹，刘佳妮，郭文智. 广州地区自然通风体育馆室内热舒适研究 [J]. 暖通空调，2019.
[3] 吕越，葛娟. 绿色建筑自然通风设计研究——以陕西体育馆建筑中心为例 [J]. 绍兴文理学院学报（自然科学），2019.
[4] 林杰，田慧峰. 绿色体育馆建筑设计、运营实践 [C]. 2019 国际绿色建筑与建筑节能大会论文集.

图片来源

所有图片来源于作者自绘、拍摄。

4

◇ 江南水乡的书院重构
—— 以杭州塘栖一小改扩建项目为例

李驰

摘　要：本文结合杭州市余杭区塘栖一小扩建项目设计的中标方案，提出了因地制宜、结合当地文脉和周边环境进行学校设计的理念。在本项目中，作者集中完成了对江南水乡语境下现代学校的新形势表达，以及对旧书院和传统建筑的风格转译。

关键词：江南水乡，学校设计，地域性建筑

1　风雅塘栖，人文一小

　　2019 年春天，我们接到了一个期待已久的小学改造方案征集邀请——杭州市塘栖一小改扩建项目，并在随后的方案竞赛中以第一名中标（图 1）。

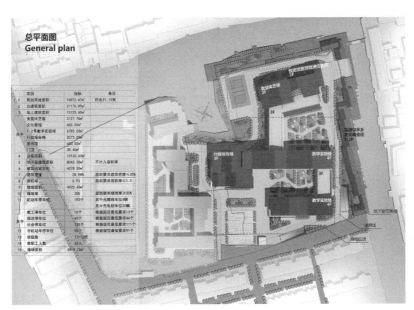

图 1

塘栖，光是听名字就已经非常令人神往，而到达实地考察后，更是立刻就被现场的环境所吸引：校园位于杭州城市近郊，是大运河水系最为密布的水乡腹地，基地内绿水环绕，亭廊拱卫，花草树木安静地栖息于河塘周边，而且更有一处名为"芳杜洲"的人文历史遗迹。距地方志记载，这里自古就有文人墨客在此聚集，凭栏赏景，吟诗赋文，"人以地胜，地以人显。"到了近代，新思潮的私塾学堂兴起，塘栖一小的前身也诞生于这片文化富足的土地上，并逐渐枝繁叶茂，欣欣向荣，距今已经有一百一十多年的历史，并成为了一所远近闻名的重点名校。

而在发现了塘栖一小令人欣喜的"宝藏"之后，我们也很快意识到了设计中的困难：第一，人文历史的积淀既是优势，同时也是挑战：传统价值体系的人文精神需要被体验，然而如果直接复制搬运，则对于小学生而言仍然过于严肃和高深，我们需要将其翻译后呈现给孩子们。第二，水乡腹地的环境是地域文化的重要载体，但是传统水乡拥挤、狭窄的周边环境，水岸线的天然曲折和现有校区布局不甚合理的影响，都为此次方案设计增加了新的难度。第三，项目处于新城市快速发展范围和传统城市肌理交叠处，建筑的风格须既具有传统建筑符号精神，同时又满足现代建造手段和材料语言；既符合传统街区尺度，又确保学校规范间距等的多重要求。而我们也在解决困难的过程中逐渐形成了对项目更深层次的理解，并最终形成了设计思路（图2）。

图2　西南方向鸟瞰图

2　因地制宜，功能重构

本项目基地环境较为复杂，设计红线也较为曲折。在设计之初，我们首先考虑的是功能板块的合理布置以及因地制宜的生态布局原则。原塘栖一小校区位于基地西侧，且缺少直接连通至新基地内的界面；基地北侧为风景优美的京杭大运河支流翠紫河，并且天然形成了一处凹进基地内部的水湾码头；南侧为唯一的外部道路，但较为狭窄，且与附近现状住宅小区合用；东侧为另一条河流支干，并且河对岸保留有典型的江南水岸风貌建筑，我们计划在这个方向上补全对应的一条文化生活长廊，来协调水乡的人文风貌。在这样的条件下，我们综合平衡各种因素后，首先确立了第一主入口和连带中心广场的格局和位置：

（1）在此处设置入口，可以兼顾小学原址校舍楼的使用方便，而且在一二期整体范围内居中布局，让全校格局更加平衡。同时，学校使用人群可以尽量避开东侧文化商业街的人流，互不干扰。

（2）考虑到外部道路狭窄，学生上下学高峰期拥堵的必然情况，我们选择了在校园内设置扩大校前区广场，用以平衡外部道路狭窄和与小区共用道路带来的空间不足问题，同时弥补原校区入口广场太小的缺憾，并且未来可以将原来设置在街道转角处的原址主入口迁移至此，并且利用大广场优势，将地下车库的其中一个入口巧妙设置在门卫岗亭的另一侧，结合特意设置的车辆临时停靠区和接送等候区，合并为总出入口，集中最优解决内外交通问题（图3）。

图3　主入口透视图

（3）我们考虑到北侧翠紫河自然凹进了一处码头状的水域，这一独特的景观优势使得我们有可能将其对齐主入口的广场并设置完整的打通整个校园的中轴线关系。更加开敞的广场将会创造一个直接打通南部道路到凹进水域的景观通廊，从而确保了整个学校的空间结构是通畅、灵动的，不会因为过多建筑体量的堆积而显得沉闷，并且将原本处于"背面"的自然景观直接推送到触手可及的感知范围内。

确定广场后，我们将主要教室组团按照规范要求的间距布置在广场的东侧和原校址教室对称的位置上，确保主教学区统一、完整，并且在教室的设置上，不但满足了要求的12班教室，而且按任务书的建议预留了未来最多可扩容至24班的可能性。而后，我们在正对广场的北侧设置了可容纳300人的主礼堂和行政办公楼，并利用连廊和东西两侧的教学建筑相连，让教师上课流线和参加报告厅活动的大量学生流线都缩减到最短。图书馆设置在广场的东南方向，不但使用方便，而且可以利用其露台和共享空间形成局部交流场所，让教学、行政和礼堂、图书馆环绕主入口广场区形成高效紧凑的安静教学板块。

而在东北方向的临水板块内，我们则设置了形象生动、功能动态活泼的风雨操场、师生食堂和兼具百年校史纪念馆、展厅和芳杜洲文化纪念馆综合功能为一体的配套文化服务用房，并且面向基地东侧的文化商业街区开设副入口，不但获得了一处绝佳的文化展示窗口，而且，为餐厅后勤流线的出入提供了方便，为体育设施的临时独立对外开放创造了可能。

从整体的布局来看，我们在新的校区基地内创造了连环嵌套的若干院落，并且用一个具有仪式感的主入口大庭院将这些院落连同原校址院落一起，构建成了层层递进、彼此关联、相互拱卫，既有水乡院落肌理，同时又满足现代学校功能和空间使用效率的总体布局（图4）。

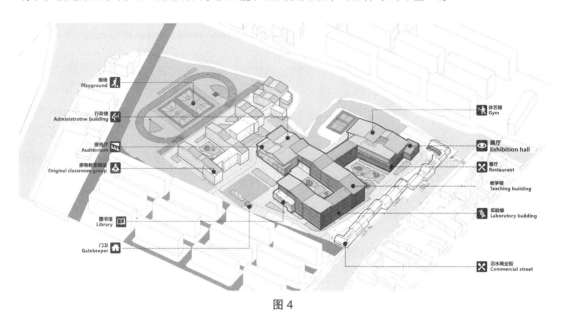

图4

3　重檐筑景，水乡重现

我们在项目构思的初始阶段就意识到，纵然有诸多需要考量的方面，但是更大的设计挑战始终是，如何在一片新城市的面貌中，成功构建出具有传统江南书院风貌的新学校，完成一个具有地域性特征的新尝试（图5）。

图5　东北方向鸟瞰图

　　基地所处的塘栖古镇，是京杭大运河覆盖流域内典型的江南水乡风貌，而随着城市的发展，本块地区和其他周边的区域一样，必须在城市发展扩张的时代背景下，给出自己的答案。那么，这片东北两面临水，一路延伸向塘栖老街，西南两侧近城，一条高架路直接沿西边通向临平新城，左手历史，右手繁华的水边佳地，到底要如何做出自己的姿态选择？

　　中国建筑和"院"的关系是永远无法分开的，读书和讲学都必须处于静谧围合的院落之内，所以"书院"就成了学校的前身。我们在总平设计中依此将院落布局落位完成后，更需要考量这些院子的表现形式（图6）。

图6　次入口透视图

　　在古代书院中，读书修学是极具仪式感的。不同学识、不同学术地位的学生分别处于不同进深的院落中，所以古代书院的布局常常采用递进式，有着类似皇宫内院的序列纵深，不但满足功能性，而且塑造了读书的神圣性和崇高感，学生从外围的"堂屋"进到"内室"，即代表了学识的精进，而这也是"登堂入室"的词语由来。当学士走完序列，来到最后一进院时，则可以看到供奉的先师孔子，从而完成读书的至高意义。这样看来，书院的院落设置，从来不是一个个固化的方盒子，其中有明显的轴线递进关系，并且每个院子中，轴线方向的重要性要大于非轴线方向，而这种形象地位的表达，在传统建筑中，大多依靠屋顶来完成。屋顶提供了极具符号化的力量，不但完成了流线引导和空间塑造，而且集中体现了审美的情趣。

　　诗人袁尊尼在他描写基地范围东北角芳杜洲的《碧水环洲》诗中写道："碧水环洲杜芳香，切云重屋隐雕梁。"也是依靠对重檐叠瓦的屋顶的勾勒，构成了诗人对这片三面环水的佳地最浪漫的回忆（图7）。

　　在充分尊重水乡风貌、文化传承的基础上，根据学校建筑的特点，对传统建筑的屋顶符号进行了凝练和提升，利用庭院序列中双向不对称的特性，将诗中"重檐"屋顶的代表形象发挥到极致，创造了一系列连续的折坡屋顶，连绵不绝地蔓延于每个教学建筑的屋顶，在形成了独特的天际线的同时，也创造出了现代水乡建筑新的肌理，从周围的高层建筑俯瞰学校时，独特的屋顶脉络清晰可见，新水乡校园的形象跃然纸上。

　　而后，我们充分利用折坡屋顶下的架空空间，创造了大量可供学生进行户外活动、眺望水景或交流学习的共享空间，这些空间和其他观景廊道串联成整个景观－活动的流线，不但解决了雨雪天

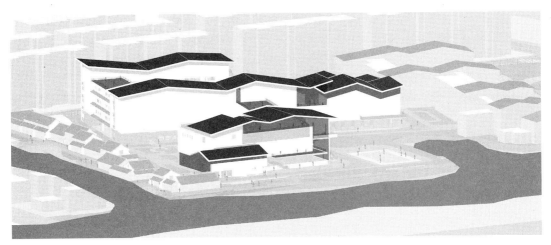

图 7

气学生的穿行问题，还形成了江南园林式的趣味空间，让学生从点滴生活中积累了关于水乡文化及建筑造园的美学情操（图 8）。

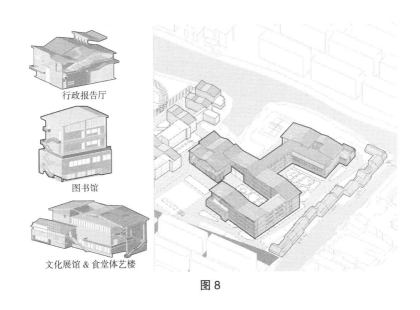

行政报告厅

图书馆

文化展馆 & 食堂体艺楼

图 8

同时，我们也考虑到了未来的延伸改造可能性。在未来对原校区校址的改造中，折坡屋顶的形式可以同样被使用在西侧现有校舍和东侧新建文化街区中，让整个地块呈现更加统一的人文、创造之美。

4　和谐共生，生态校园

在完成了总体布局建筑落位和形态设定的基础上，我们还希望在这个项目中呈现出绿色、生态和可持续的特性。在对于基地进行了细致的现场勘测后，我们在设计中保留了水岸边若干处高大优美的树木，并且特意后退出了足够的亲水空间，用以设置球场和文体活动设施，打造出水岸运动场地和亲水景观，形成了对校园运动场所或教学空间的有力景观支撑，让师生可以充分享用这份难得的天然馈赠（图9）。

图9

我们也同时将绿色建筑和海绵城市的要素纳入整体考量范围。我们除了通过控制形体系数、窗墙比等因素来达到舒适的建筑物理环境外，我们也在结构和构造等方面优化造价达到经济合理性，同时我们还在设计中将几乎所有的建筑立面开窗进行模数化处理，用三到四种固定模数来形成几乎所有窗体的韵律节奏表达（图10）。甚至保留了装配式墙体的可能性，来达到更高效、更少污染、更舒适的设计愿景，并让身处其中的学生们从小就耳濡目染地获得健康学习和低碳生活的理念熏陶。

开窗的模数　　　　　多样性的教室开窗模数　　　　　　丰富的建筑立面的关系

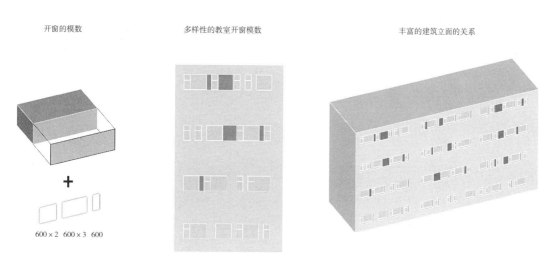

600×2　600×3　600

图10

塘栖一小悠久的历史文脉传承和得天独厚的地理优势，为这个项目确定了生态人文校园的底色，也为它可以成为难得的水乡与都市共存、历史与现代相映的建筑实践创造了条件。我们将秉持着尊重文脉、因地制宜、绿色自然、健康低碳的原则，努力将塘栖一小打造成美丽杭城的人文新地标。

参考文献

[1] 张奕，施杰，柴锐．回应气候的绿色校园建构——基于被动式绿色理念的南京岱山初级中学设计 [J]. 建筑技艺，2019（01）．

[2] 沈瑜．江南文化背景下的居住建筑设计地域特色研究——以江浙沪为例 [D]. 天津：天津大学，2016.

[3] 李政欢．江南地区建筑文化的发展研究 [D]. 南京：南京师范大学，2014.

[4] 阮仪三．江南古镇历史建筑与历史环境的保护 [M]. 上海：上海人民美术出版社，2009.

图片来源

所有图片均来自方案团队设计制作。

5

绿色设计在中小学建筑的运用
—— 杭州余杭区新城第二小学

陈敏

摘　要： 人类建筑史演绎千年，建筑材料、筑造工艺随着时代科技发展在不断地在进化，艺术审美观点的更替在借助技术进步的东风下轮番推动着建筑造型的多样可变，经济的发展更使得各类建筑可能性的探索大大方便起来。杭州余杭区新城第二小学项目就是在这种时代大背景之下，我们对于绿色建筑可能性的一种探索。对这个建筑，我们在满足中小学校常规的教学、氛围、景观的要求前提下，额外关注到在建筑本身的全寿命期内，最大限度地节约资源，保护环境，减少污染，为使用者提供健康、适用和高效的使用空间，让建筑与自然和谐共生。

关键字： 绿色建筑，节能，可持续发展，创新

1　前言

地方和国家政府出台了各类关于绿色建筑的规范和要求，并设定了相应的奖励措施，绿色设计已经成为未来建筑不可忽视的主流方向。具体规范和要求包括：

（1）2012 年 4 月 27 日财政部、住房城乡建设部发布的《关于加快推动我国绿色建筑发展的实施意见》（167 号文）；

（2）2019 年 8 月 1 日实施的《绿色建筑评价标准》GB/T 50378—2019；

（3）2013 年 1 月 1 日，国务院办公厅转发由发展改革委、住房城乡建设部制订的《绿色建筑行动方案》；

（4）浙江省住房和城乡建设厅，《浙江省绿色建筑发展三年行动计划（2015–2017）（征求意见稿）》。

按照国家规定，绿色建筑分为 3 个等级，采用评分制。3 个等级的绿色建筑均应满足所有控制项的要求，且每类指标的评分项得分不应小于 40 分。当绿色建筑总得分分别达到 50 分、60 分、80 分时，绿色建筑等级分别为一星级、二星级、三星级。

绿色建筑关注点：

（1）节地与室外环境：土地利用、室外环境、交通设施与公共服务、场地设计与场地生态。

（2）节能与能源利用：建筑与围护结构、供暖通风与空调、照明与电气、能量综合利用。

（3）节水与水资源利用：节水系统、节水器具与设备、非传统水源利用。

（4）节材与材料资源利用：节材设计、材料选用。

（5）室内环境质量：室内声环境、室内光环境与视野、室内热湿环境、室内空气质量。

（6）施工管理：环境保护、资源节约、过程管理。

（7）运营管理：管理制度、技术管理、环境管理。

（8）提高与创新：性能提高、创新。

2 项目概况

项目名称：杭州余杭区新城第二小学（图1）

项目地址：浙江省杭州市余杭区临平永乐路2号

项目规模：总建筑面积37218.53m²

设计/竣工：2016.02/2018.06

开发单位：杭州余杭城市建设集团有限公司

我们以规划、景观、建筑三位一体的整体化校园设计为目标，从校园生态环境到单体建筑，在不同体量中寻求营造多层次园林空间的方式，打破传统校园的概念，营造自由的公共教育空间（图1~图3），景观构思从细胞排列组合的方式中得到启发，提取其肌理和元素（图4、图5），从而获得自由具有内在规律的景观形式。我们认为校园应该由传统的教师对学生的单向灌输逐步向以学生为主体的、以个人的发展和素质培养为中心的开放式教育转化。

图1 鸟瞰图

图 2 沿街立面

图 3 中庭透视

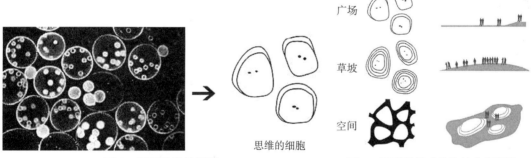

图 4 景观元素的提取

图 5 元素转换成具体的空间设计

2.1 设计构思

2.1.1 整体规划

（1）普通教学楼远离运动区及东南侧道路（图 6a 和图 6c 方案不合理）；

（2）生活区位于次入口附近，食堂烟气不会对校园产生影响；

（3）运动区位于噪声干扰最大的东南角（图 6a 方案不合理）；

（4）主轴线终点处为较恰当的学校精神中心——公共教学的报告厅。

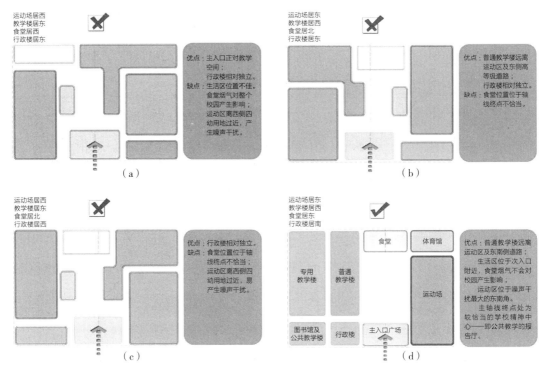

图 6　功能推演
（a）~（c）不合理方案；（d）最合理方案

2.1.2　功能区划分

校园在功能上分为四大区块：校园中心区、教学区、运动区、生活区，动静分区清晰明确（图 7）。

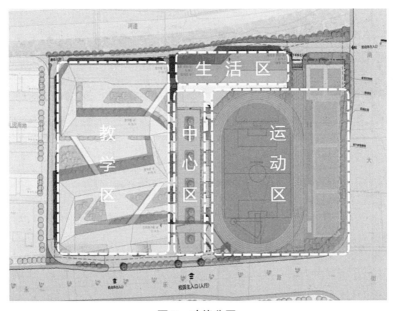

图 7　功能分区

2.1.3 教学楼功能分布

我们将专用教室、自然教室、实验室等公共空间安排在一层，标准教室都安排在二~四层。这种刻意的区分方式让人们更直观地感受到学校对于公共教育、全面发展的重视，也给孩子们打造一个友好、开放、多向的学习环境（图8）。

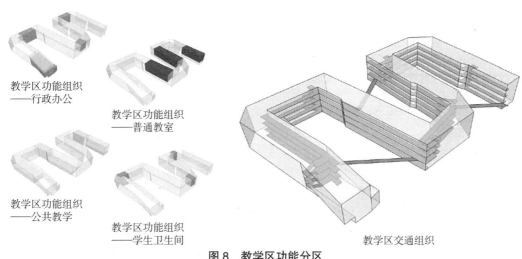

教学区功能组织
——行政办公

教学区功能组织
——普通教室

教学区功能组织
——公共教学

教学区功能组织
——学生卫生间

教学区交通组织

图8 教学区功能分区

2.1.4 交通规划

校园设两个出入口，满足退城市主干道路交叉口70m以上距离要求。主入口设置在等级相对较低的永乐路上，实现人车分流，步行流线居中，机动车流线、非机动车流线分别沿主入口的东西两侧布置。用地东北侧设辅助出入口紧邻食堂，作为后勤服务车辆及社会停车场出入口，不干扰校内教学环境。

主入口附近设地面大巴停车位。地下设集中停车场以容纳学生接送停车、教职工停车以及周边社会停车（图9）。

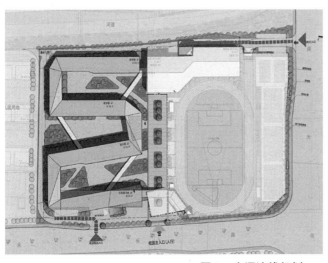

地面停车

机动车停车

非机动车停车及等候区

回车场

机动车流线

机动车出入口

地下车库出入口

人行出入口

图9 交通流线规划

3 绿色设计实现手段

3.1 透水地面

透水地面可增强地面透水能力，降低热岛效应，调节微小气候，增加场地雨水与地下水涵养，改善生态环境及强化天然降水的地下渗透能力，补充地下水量。本项目在校园体育活动场地、教学楼中间的硬铺地面以及入口广场均铺装了透水地砖（图 10），砖缝用细沙填充，雨水可以便捷快速地透过地面，渗透到地下，有效地防止地面积水同时又为绿植提供生长用水。

图 10 中庭透水砖

3.2 地下空间利用

开发利用地下空间是作为城市节地的主要措施。同时应结合地质情况，处理好地下入口与地上功能的有机联系，解决好通风机渗漏等问题。本项目除临时停车外，所有车辆均设置在地下空间，地下总共两层，地下一层设置有学生等候区及家长接送路线，地下二层设置有公共泊车位并单独成区及普通停车位（图 11）。

图 11 地下空间利用

3.3　雨水利用收集

利用场地空间合理设置雨水回用，包括下凹式绿地、屋顶绿化、植被浅沟、雨水截流设施、景观水体、多功能调蓄水池，后期用作绿化浇灌的补充用水。本项目在东北角设置有 45m³ 的雨水回用水池，雨水首先被绿植储蓄吸收，多余的部分通过渗透收集回流到调节水池，当雨水较少时，可以把蓄水池的水供应给绿植灌溉（图 12）。

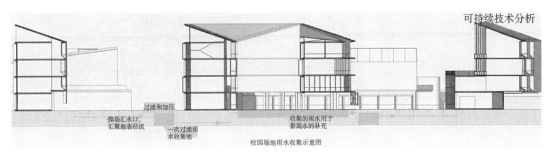

图 12　雨水收集示意

3.4　乡土植物

这类植物最能够适应当地的生存环境，其生理、遗传、形态特征与当地的自然条件相适应，具有较强的适应能力。余杭位于植被丰饶的长江入海口处，自然植被类别丰富，如圆柏、罗汉松、羽毛枫、南天竹、吉祥草、常春藤、红枫等，从色彩、耐候性、形态特征等方面可丰富校园环境，让学生一年四季都能在花园般的校园学习（图 13）。

图 13　乡土植物应用

3.5 高效光源

通过科学的设计，采用效率高、寿命长、安全和性能稳定的照明电器产品（电光源、灯用电器附件、配线器材以及控光器件），改善提高人们工作、学习的条件和质量，从而创造一个高效、舒适、安全、经济的充满现代文明的照明环境。本项目灯具类型有灯带、日光灯、筒灯、射灯等形式；色温从暖色调的 3000K 到还原度高的 6000K 之间，根据不同

图 14 Led 节能灯

功能空间的要求进行设计，屏蔽对眼睛有伤害的蓝光频段，为学生提供良好的学习环境（图 14）。

3.6 过渡季节新风利用

过渡季节空气质量相对较好，当室内需要供冷时，可将室外新风送入作自然冷源，根据具体情况还可以全新风运行。这不仅可缩短制冷机组的运行时间，减少新风耗热量，同时可极大地改善室内环境的空气质量。本项目窗户可开启扇设置在最长对角线，可以形成对堂风，风经过室内全区域，可以有效地换气通风，保证环境的舒适及学生的健康（图 15）。

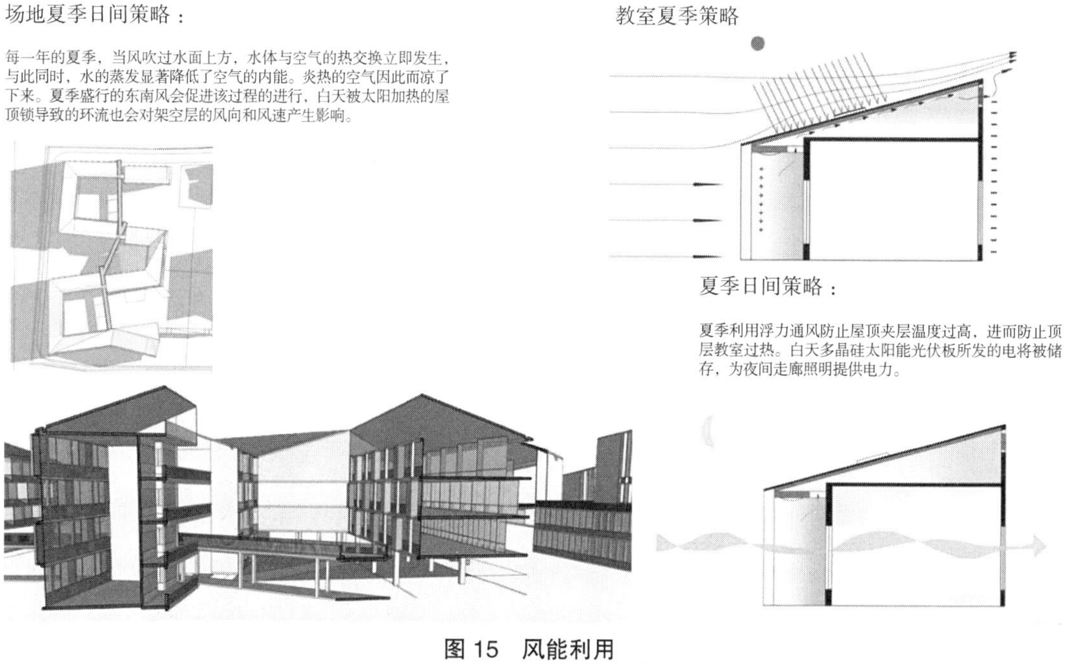

场地夏季日间策略：

每一年的夏季，当风吹过水面上方，水体与空气的热交换立即发生，与此同时，水的蒸发显著降低了空气的内能。炎热的空气因此而凉了下来。夏季盛行的东南风会促进该过程的进行，白天被太阳加热的屋顶锁导致的环流也会对架空层的风向和风速产生影响。

教室夏季策略

夏季日间策略：

夏季利用浮力通风防止屋顶夹层温度过高，进而防止顶层教室过热。白天多晶硅太阳能光伏板所发的电将被储存，为夜间走廊照明提供电力。

图 15 风能利用

3.7　高效冷热源

冷（热）源的来源是否经济关系到建筑空调的初投资与综合运行费用。空调采暖系统的冷热源机组能效比超出标准，从节能的角度考虑，能有效降低系统的能耗。本项目除了常规的电气空调系统外，更考虑了较为节能的地源热泵系统，消耗 1kWh 的能量，用户可以得到 4.4kWh以上的热量或冷量，其装置的运行没有任何污染，系统维护费用低，已经是比较成熟的冷热源措施（图 16 ）。

图 16　高效冷热系统

3.8　用水分项计量

按照使用用途和水平衡标准要求设置水表，对厨卫用水、绿化景观用水等分别统计用水量，以便统计各种用途的用水量和漏水量。本项目各楼栋场地之间，生活、浇灌、冲洗等功能之间均设置水表计量（图 17 ），可以有效地进行用水评估，分配水资源在各功能间的配置同时又方便漏水检修查验。

3.9　节水灌溉

绿化灌溉鼓励采用喷灌、微灌、滴灌、渗灌、低压管灌等节水灌溉方式，鼓励采用湿度传感器或根据气候变化调节控制器。为增加雨水渗透和减少灌溉量，鼓励选用兼具渗透和排放两种功能的渗透性排水管，用于绿地灌溉（图 18 ）。

图 17　水表阀门　　　　　　　图 18　节能灌溉系统

3.10 节水器具

节水器是在现有普通水龙头的基础上通过技术革新达到节水目的的一种节水装置。节水方式一种是分流节水控制用水量，一种是通过感应式的装置控制水的用量以达到节水。节水器具还包括水龙头、淋浴器、坐便器等。本项目各用水点均在考虑正常用水的前提下，通过安装智能化感应系统，合理有效地节约用水（图 19）。

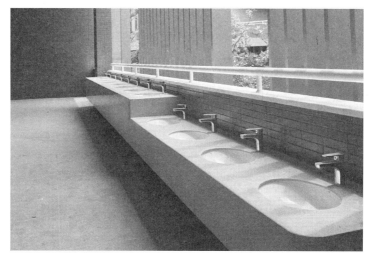

图 19　节水器具

3.11 预拌混凝土和预拌砂浆

与现场搅拌混凝土相比，采用预拌混凝土还能减少施工现场噪声和粉尘污染，并节约资源、能源，减少耗材。现场搅拌混凝土比预拌混凝土多损耗水泥 10%~15%，多消耗砂 5%~7%。现场搅拌砂浆比预拌砂浆多消耗 30% 的砂浆量。本项目施工全过程均采用预拌砂浆及预拌混凝土，有效降低材料消耗，同时减少现场噪声及空气污染。

图 20　预拌混凝土

3.12 土建装修一体化

可以事先统一进行建筑构件上的孔洞预留和装修面层固定件的预埋，避免装修阶段对已有建筑构件的打槽、穿孔，既保证了结构的安全性，又减少了噪声和建筑垃圾。一体化施工还可以减少扰民，减少材料消耗，并降低装修成本。本项目土建和装饰一体化设计，充分展现了设计总承包的优势，经过充分协调沟通，把土建与装修统筹考虑，有效降低成本浪费（图21）。

图21 土建精装一体化

3.13 天然采光

通过侧面的开窗，将室外自然光及阳光引入室内，对学生的身心健康及视力保护均有利，同时可以减少对资源的消耗。本项目外开窗占比极大（图22），达到立面总面积的60%，可开启面积达到立面总面积的30%，比国家标准要求要高，窗采用6mm中透光Low-E+12空气+6mm透明断热铝合金中空玻璃，玻璃太阳得热系数0.44，外遮阳系数1.00。

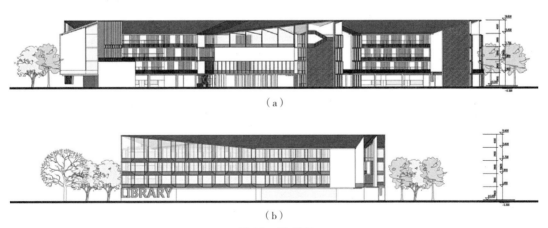

（a）

（b）

图22 采光窗
（a）东立面图；（b）南立面图

4 结语

本项目通过构造设计、设备器具设置、绿植选用、自然资源利用、运营管控、施工措施、设计管理等多个维度综合联动，使绿色建筑达到二星级别，有效地达到了绿色设计在学校建筑中的落地运用，也希望通过更多类似的项目，让绿色设计进入更多的建筑中。

6

一所"独辟蹊径"的学校 —— 深圳市龙岗区黄阁北九年一贯制学校新建工程

吕倩倩

摘 要：本文以深圳市龙岗区黄阁北九年一贯制学校（以下简称本项目）为例，阐述了山地学校的设计难点，在基地本身及与市政路的高差均较大的情况下，如何充分利用这些条件，解决交通问题，创建一所独辟蹊径的校园。

关键词：立体交通，文脉传承，社区共享

1 用地狭隘、多重限制

黄阁北九年一贯制学校位于深圳市龙岗区龙城街道，由基地西侧的龙城高级中学统一管理，基地东侧为博深高速连接线黄阁北路，基地北侧为森林公园，环境优美，周边地形与基地高差较大。本项目是联合市政设计的中标项目，通过两轮的竞标最终由我们拔得头筹，并获得深圳建筑设计一等奖（图1、图2）。

在初步接触这个项目的时候，第一想法是："这是一块边角料用地，拿来建学校"，这个说法毫不夸张，项目的三角形的用地又扁又长，在一个山坡上，跟唯一相邻的市政路高差达到37m，场地自身的高差也达到30多米（图3）。

图1 入口效果

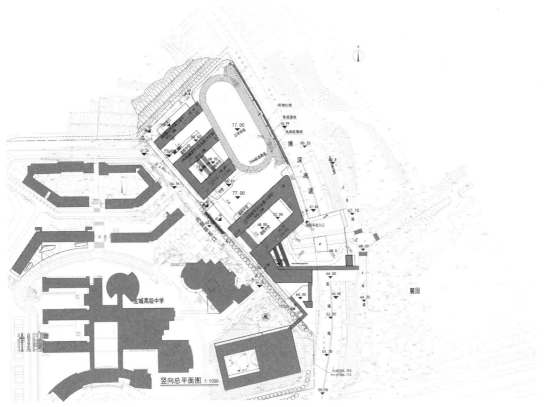

图 2　总平面图

延续
新建九年一贯制学校需考虑如何在空间和形态上与原有的龙城高级中学产生关系。

高差
基地与周边环境存在较大的高差。

交通
博深高速连接线道路较为紧张，不宜开设学校主入口，考虑与D号路相接，形成新的校园路线。

图 3　基地现状

项目的难点是显而易见的，第一就是交通，博深高速是一条城市主干道，不能开设学校入口，D 号路和 A 号路是一个小区内部路，跟博深高速连接线之间高差为 6~11m，项目建议书提出可以在学校用地和 A、D 号路之间搭建一个大平台作为学校主入口，但完全依赖这条小区内部路可能在上下学接送时间段造成拥堵，人车混行影响学生的安全。第二个难点是高差，场地自身的高差最大有 30 多米，学校设计过多台地会增加很多台阶，影响学生安全，而消防安全是另一方面影响，8% 的消防车道道坡度令场地内难以消化过大的高差。因此项目需要在合理的范围内考虑建筑的山地退台。其次，新建校园以后归龙城高级中学统一管理，跟龙城高级中学的高差的衔接处理也非常关键，我们不能在高中部一侧看起来有一堵产生消极空间的挡土墙，尽量弱化它们之间的空间边界，新旧学校之间才能形成明朗的视线通廊（图 4）。

图 4 鸟瞰效果

最后需要妥善处理的就是与城市的肌理关系，以及与龙城高级中学文脉的呼应，尤其是高中部分的规划秩序、空间轴线以及立面风格。

2 立体交通、独辟蹊径

第一轮评标，我们的方案解决了学校的各项需求，得以入围，那么在第二轮的定标过程中，双层的交通平台起到了决胜的关键作用，其余入围方案都是按照项目建议书在场地和 A、D 号路之间设计了一个长 100m、宽 50m 的大平台，来作为学校的主入口广场，如此巨大的尺度对下方的市政路造成了采光及遮蔽影响，且校园也不需要这么大的校前广场，空间的巨大反而会使场所精神不够集中，缺乏导向性。大平台下方的 11m 高度对市政路的车辆通行绰绰有余，那么何不做两层平台呢？减少单层平台面积，赋予空间不同功能，下层走车，上层走人。只要满足下方有 5m 的净高可使市政车辆通行就足够了。将原有道路向三维空间拓宽，充分利用 A、D 号路自身高差，创造新的交通模式，人车分行，同时缓解学校对城市交通带来的交通压力。

在 64.5m 高程处设计交通环岛解决车行出入口、接送、交通疏导等功能，设置港湾式停靠接送学生。等待学生的车辆进入环岛停车区或继续绕行，避免造成拥堵。教师车辆出入口则靠平台两侧形成一进一出，与接送车辆互不干扰。除此之外，新建车库在基地西侧通过坡道与龙城高级中学的车库出入口相连，在车库北侧出入口通过一段辅道汇入博深高速连接线，为龙城高级中学的车辆提供了两个出口。在繁忙时段，市政车辆也可以通过交通环岛平台进行疏解。这为 A、D 号路的畅通做出很大的贡献。新建车库不仅仅承担了停车的功能，更像是一个小型交通枢纽。通过分析，项目建成后将大大缓解节假日盐龙大道辅道的拥堵情况。

在 68.5m 处设计人行主入口平台，形成校园前广场。上层主入口广场设计风雨廊方便人行接送，半围合的空间形态为学校主入口创立场所感及辨识度。通过双层立体交通平台实现人车分流，一举多得，这个项目的周边高差在设计中反而变成了有利的因素，通过立体交通设计打动了校方的心，取得了项目的设计权（图 5、图 6）。

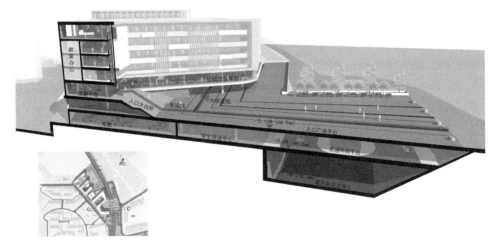

图 5　双层平台剖透视图

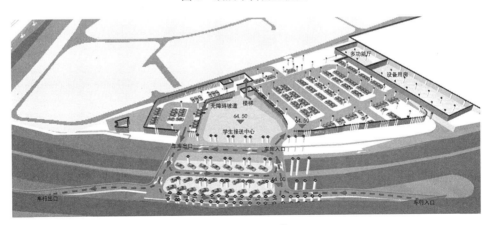

图 6　交通策略

3 延续文脉、红色传承

深圳龙城高级中学于 1995 年建校,是深圳市最大规模的学校,隶属于龙高教育集团,是设备设施先进的省一级优秀学校,是深圳的教育发展新标杆、新中心。龙高教育集团建筑风格富有海派特色,建筑规划与人文环境和自然环境之间有机结合,以砖红色为主基调,局部点缀白色,整体风格稳重大方。

新建校园教学区靠近龙城高级中学布置,跟龙岗现有建筑找寻轴线关系,在高中部沿道路设计视线通廊,同时,在基地内重新建立秩序,串联整个校园。运动场放置在靠近高速连接线的一侧,避免噪声对教学的干扰。结合场地地形,呼应龙城高中建筑肌理及空间轴线,南侧三角地块设计绿化退台,优化城市街角空间,设置校园钟塔为新建校园创立昭示性。建筑群主色调延续龙城高中砖红色,红白相间,沉稳大气,立面设计中考虑岭南气候因素,与建筑造型相结合进行遮阳,实现良好的通风和采光(见图 7、图 8)。

图 7 双层平台效果

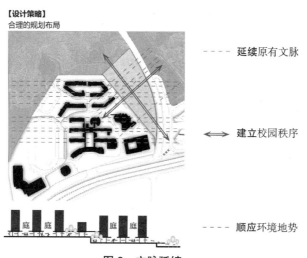

图 8 文脉延续

4 多层平台、层层叠退

在空间上，根据地势高低分别打造了交通环岛平台、入口广场平台、运动活跃平台、架空运动平台等四个平台（见图9）。基地南侧尖角处退让城市形成街角空间。

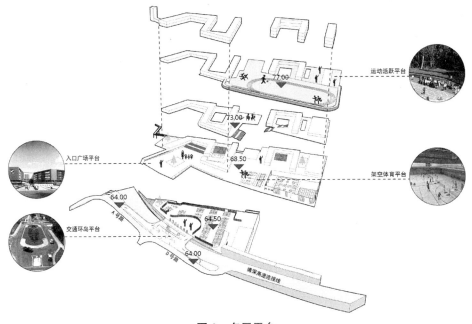

图9 多层平台

功能分区明确，校园流线简洁明晰，教学区主入口处设二层平台与运动场连接，提高人行便利性；建筑单元之间设多个公共平台进行连接。基础教学组团集中布置，小学区人数较多，位于主入口广场附近，缩短接送距离；中学区设于北侧，中学生可由架空层直接到达，与小学流线互不干扰；图书馆、报告厅等公共教学资源设在中心区域，同时面向龙城高中开设入口，方便与高中部联系，东北侧架空体育馆，校前广场节假日可对外开放，为社区做出贡献，达成资源共享。宿舍和食堂均布置在基地的下风向，减小对教学区的干扰。校园场地设计顺应山势，各个平台层层叠退，形成活跃的空间构架。

5 结语

本项目巧妙地利用现状高差，独辟蹊径解决交通问题，在建筑形态上因地制宜，依山就势，尊重城市秩序、校园脉络，文化传承，有机地融入环境。在我们的努力下，新建校园建筑不仅是教育的载体，还是城市的支撑体与社区的活力体！

图片来源

图1~图9均来源于作者及同事共同绘制。

7

◇ 探索小学绿色建筑设计与文化传承的融合 —— 以廊坊第八小学投标方案为例

白永丽　陈璐

摘　要：学校的设计过程，不仅需要保证满足教学的使用功能，而且需要弘扬文化传统和校园文化。通过绿色建筑设计，综合考虑生态环保，在实现建筑资源节约的同时改善学校环境，将学校打造成一个能与自然和谐相处的舒适环境，使师生可以在工作学习之余，充分感受环境的怡人与生活的美好。本文将探讨绿色与文化的融合与发展趋势，以及二者在未来发展中有机结合的可能性。

关键词：文化传承，和谐共生，光影与色彩

1　项目基本情况

本项目（图 1）方案为 2018 年 11 月廊坊第八小学投标方案，拟建于廊坊开发区友谊路与新源道交口东北角，位于亭东路以南，西临友谊路，南临新源道。

图 1　鸟瞰图

设计档案

建设单位：廊坊经济技术开发区管理委员会

设计团队：白永丽、陈璐、萨日娜、王瑞瑶、武美鑫

项目地点：河北省廊坊市

设计时间：2018 年 11 月

基地面积：53333.33m²

建筑面积：35931.88m²

建筑容积率：0.6

结构形式：钢筋混凝土框架结构

图 2　文化传承

2　规划及方案设计

2.1　设计理念

孔子的"习礼大树下，授课杏林旁"，儒家文化以其修身、齐家、治国、平天下的大智慧，深刻影响了中国乃至世界两千五百多年，对当代学生的教育也有着直接和重要的启示意义（图 2）。

强调人与自然的一种和谐共生的关系，是本次投标方案的另外一个设计理念。校园规划充分重视育人环境的建设，在田圃和园林的自然形态之间，融入和谐而愉悦的教学环境。

"以礼成序，以乐和谐，礼乐相济，地灵人杰"，秩序与自然共存，形成读书的理想之所。

2.2　规划分析

规划总平面布局在"文化传承"和"和谐共生"的理念基础上，根据地块特点，强调轴线关系，以不完全对称的布局强化中央轴线。通过主连廊有机串联起教学区、行政区及运动区，在主轴线的上下部分辅以"观书轴""体艺轴"，强化轴线感。门后启轴，形成校园的公共"客厅"，成为校园内部主要的礼仪与形象空间，礼仪广场构成简洁开放、典雅精致，营造有仪式感的广场氛围。校园的各栋建筑围合成四个景观空间，即"知书园""笃行园""礼贤园""苗圃种植园"，室内外交融形成人与自然和谐相处的教学场所（图 3~ 图 5）。

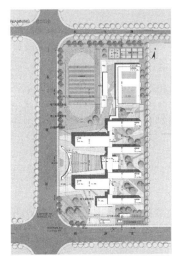

图 3　总平面图

2.3　建筑设计

（1）校园作为多功能复合型空间，平衡好功能分区与流线极为重要。在不干扰其教学功能的情况下，更多地创造场景，增加沟通与交流空间（图 6）。

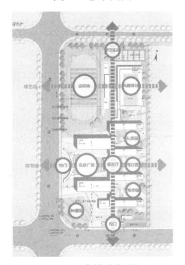

图 4　功能分析图

图5 礼仪广场人视图

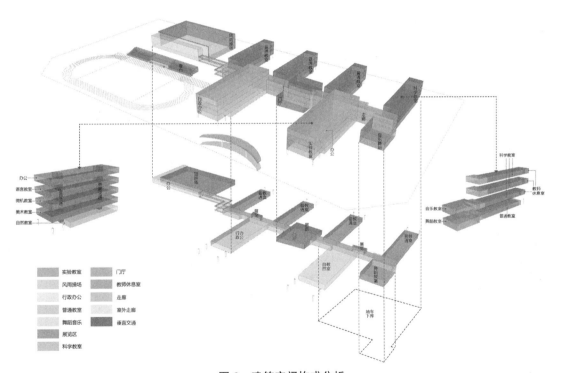

图6 建筑空间构成分析

　　（2）四栋教学楼设置在连廊东侧依次排开，为保证日照需求，每栋楼北面设置廊道，南面布置教室，远离道路，形成安静的教学空间。连廊处的学生作品展示区，在室内形成有效的交流空间，在室外形成一本开启的书，达到室内室外和谐统一。

　　（3）校史陈列厅与门厅结合居中布置，局部下沉的校史陈列厅和二层的阅览室以及三四层通高的报告厅等大空间功能，上下叠放居中布置，方便各楼栋老师及学生到达，彰显重要性并有利于结构布置（图7）。

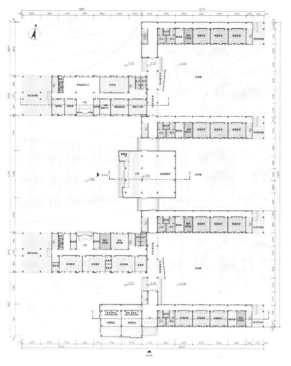

图7　首层平面图

图9　流线分析图

图8　教学楼人视图

（4）色彩是校园设计中非常重要的一部分，用不同色彩区分不同的楼栋，增加楼栋的可辨识性，在满足美观效果的同时保护孩子的个性，形成独立完整的人格个体（图8）。

2.4　绿色设计方法

（1）根据校园的承载能力设计机动车及非机动车停车场，在南入口处设置生态停车场，减少停车场地对环境的不利影响；不挤占步行空间及活动场所；地面停车数量不大于总停车量的40%；合理设置地下停车库，车库入口设置在园区南侧次入口处，使校园内做到人车分流。交通流线详见图9。

（2）根据廊坊的冬夏季风向合理布置建筑物，校园风环境有利于冬季室外行走舒适及过渡季、夏季的自然通风。本项目在总平面规划中，将建筑体块进行围合，阻挡冬季风向；同时在首层架空设人行通道，有利于夏季自然通风。

（3）环境与健康

1）教学用房工作面或地面上的采光系数，且采光窗洞口面积符合现行国家规范；同时满足教学用房室内照明数量及质量要求，控制眩光并改善照明舒适度，保障学生用眼健康。

2）将采光与室内光影效果紧密结合，营造良好的光环境。结合房间功能及朝向，在相临笃行园的东侧外墙开设不规则竖向条窗，既丰富室内光影效果又在笃行园形成不同的景观墙体。在垂直贯通的连廊上设置竖向遮阳百叶格栅，在遮阳的同时将光影变化引入室内，营造有趣的空间变化。

（4）教学苗圃——下凹绿地的结合

本项目在小区内统筹建设绿色雨水基础设施，通过教学苗圃中的下凹绿地和雨水花园部分控制雨水，可以采取生物滞留措施和初期雨水净化措施；设置雨水可入渗的人行道、非机动车道、广场和停车场等；设置雨水蓄水池等消纳场地雨水的措施（图10）。

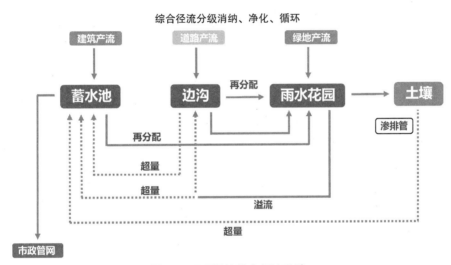

图10　下凹绿地综合径流设计

3　结语

综上所述，本次投标方案的设计理念是：以人为本、注重文化的传承以及人与自然和谐共生，力图实现"简约明快中呈现现代气息、典雅精致中展示文化底蕴"，希望创造出一个可学、可游、有特色的校园物质环境，成为承载文化精神、展现校园教育内涵的载体。设计中融入绿色校园设计手法，以此来打造一所新型、有活力、有朝气的小学。

图片来源

图2来源于孔维克绘制《孔子杏坛讲学图》；
其余图片均为作者及设计团队绘制。

8

绿色星级学校的实践与探讨
——昆山加拿大国际学校 1 号综合楼项目

郭鸣　严新

摘　要：本文以获批为国家绿色建筑设计标识二星级建筑的昆山加拿大国际学校 1 号综合楼项目（以下简称本案）为例，介绍其在绿色建筑实践中的设计理念及其所应用的相关技术。本案建设过程中，在开发绿色校园保持良好生态环境的战略思想指导下，昆山弗莱顿国际教育发展有限公司从方案规划伊始即与设计师协调，践行"绿色、低碳"可持续发展的设计理念，并遵从以人为本、绿色生态的原则，综合运用了多种适合绿色校园建筑策略与高新技术，从而在实现了建筑节地、节能、节水、节材目标的同时，营造一个舒适、高效的绿色校园建筑，为师生提供一个舒适温馨的学习、生活环境。

关键词：绿色星级学校，设计策略

1　项目介绍

基地位于江苏省昆山市阳澄湖科技园区，西临祖冲之路，南临水景大道，距昆山市中心约 8.5km，距傀儡湖约 1.5km。交通便捷，风景优美。

基地周边均为教育机构，北侧为昆山西部高级中学，东侧为杜克大学，西侧为教师进修学院，学术氛围十分浓厚。

本项目建设用地 193 亩，建筑面积约为 12 万 m²。校园规划建设独立的运动场、行政楼、图书馆、学生与教师公寓。学位设计为 1800 个（含幼儿部、小学部、初中部及高中部），另预留学位 450 个。校园规划容积率 0.93，绿地率 37.2%，建筑密度 26.8%（图 1、图 2）。

本案为一期 1 号综合楼，总建筑面积 18408m²，其中地上建

图 1

图 2

筑面积 15875m², 地下建筑面积 2533m²。综合楼包括小学部和初中部，其中小学部 24 个班共 600 人，初中部 12 个班共 300 人，每班人数均为 25 人。地下一层为库房、后勤用房、设备用房、户外活动辅助用房及有顶户外活动场地；地上西侧主体为餐厅、厨房和风雨操场；地上东侧为教学区，北侧小学部和南侧初中部由教师办公区域和图书馆连接，共同围合一个内庭院；东西两侧由公共的入口大厅连接（图 3）。

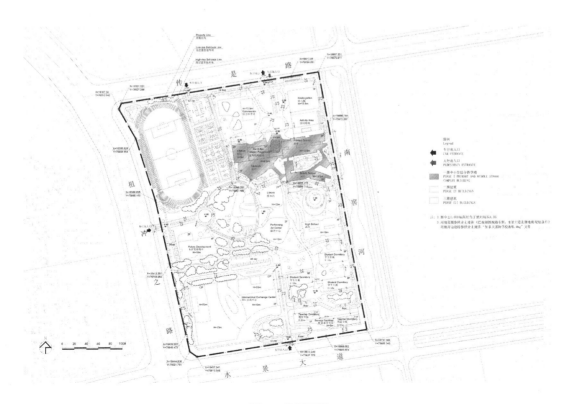

图 3　总平面图

2 设计理念

　　中小学校是社会的一个重要组成部分，是为国家提供发展支撑力量的重要摇篮和基地。校园拥有大量的建筑存量，设施多样、人口稠密、能源与资源消耗量大，是社会资源的消耗大户。因此，大力发展绿色校园建设迫在眉睫。

　　本案以绿色、生态作为设计的指导思想，通过环境设计，为教职员工创造出自然和谐的环境。利用教学建筑特有的布置方式，通过建筑实体空间围合形成大小不等的地上、地下三个庭院空间，不但充分改善了建筑自然采光、通风的效果，也丰富了室外活动空间。

　　体现以人为本的管理意识，以使用方便、安全为第一原则。通过教师办公室将小学部、初中部联系在一起，同时后勤区、风雨操场、舞蹈教室与教学区围绕入口大厅渐次展开。使用方便的同时，也体现出高效、节能的意识。大厅与不同区域走廊有效衔接，使学校建筑布局紧凑，有效节约用地。在满足卫生、安全间隔的前提下，尽量缩短了学校内部工作流程，使学校各部分密切联系，降低能耗，节约能源（图 4～图 7）。

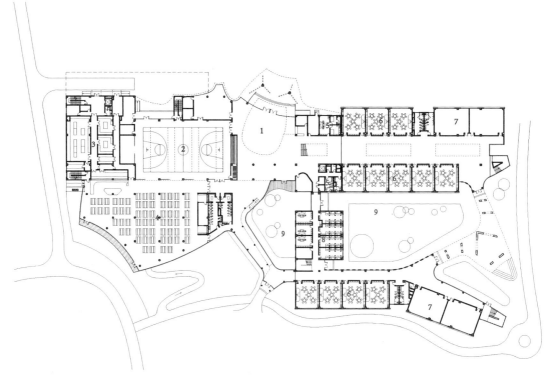

图 4　一层平面图

1- 入口大厅；2- 风雨操场；3- 厨房；4- 学生餐厅；5- 卫生间；
6- 普通教室；7- 专业教室；8- 办公室；9- 室外庭院

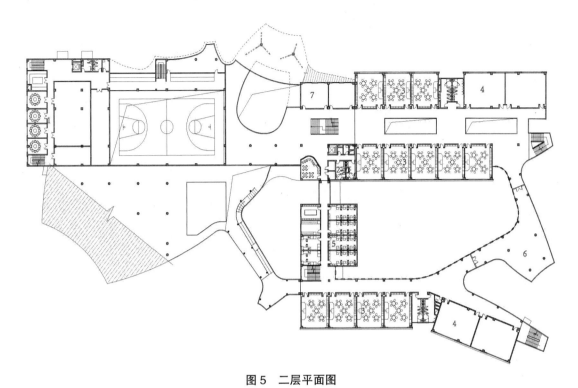

图 5　二层平面图

1- 餐厅；2- 卫生间；3- 普通教室；4- 专业教室；5- 办公室；6- 图书阅览室；7- 活动室

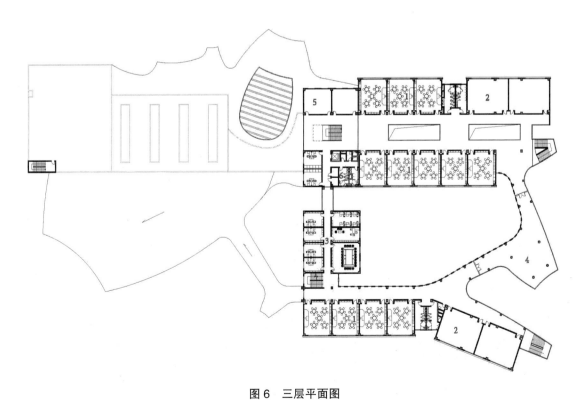

图 6　三层平面图

1- 普通教室；2- 专业教室；3- 办公室；4- 图书阅览室；5- 活动室；6- 卫生间

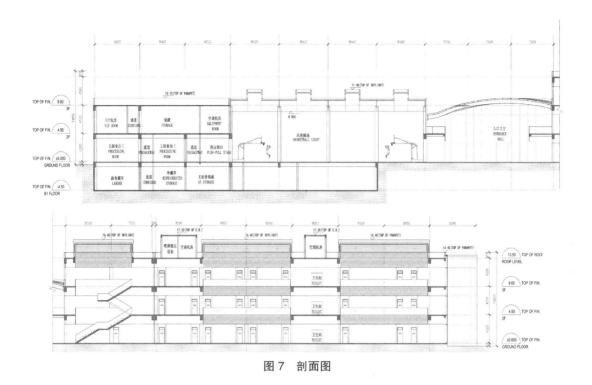

图 7　剖面图

3　绿色技术措施

3.1　校园内合理设置绿化用地

　　合理设置绿地可起到改善和美化环境、调节小气候、缓解城市热岛效应等作用。本案在优化紧凑建筑布局的同时，以期提供更多的绿化用地或绿化广场，创造出更加宜人的校园绿化景观空间。园区总用地面积为 128726m²，绿化面积 47886m²，绿地率达到 37.2%。对于中小学校而言，充足的绿化和场地为莘莘学子提供了良好的室外活动场所，在有益身心的同时更丰富了校园的绿化环境（图 8、图 9）。

图 8

图 9

3.2 合理开发利用地下空间

土地是不可再生资源，学校建设中应提高土地利用率。本案充分开发利用地下空间，将综合楼设备机房、后勤厨房配套功能空间集中设置于地下室。为改善地下空间的天然采光及自然通风效果，结合景观斜坡设置了下沉庭院（图 10、图 11）。

图 10

图 11

3.3 安全规划

中小学校学生的行动经常是群体行动，因此学校安全防护一直是重中之重。本案小学部 1~3 层设置有通高的中庭，中庭周边的防护栏板高度已满足相关规范要求。考虑学生课间嬉戏玩耍可能造成高坠事故发生，在后期运营时加设了防坠安全网（图 12）。同时供学生平时及疏散时使用的楼梯扶手都做了防溜滑措施（图 13）。各教室的门扇开启部位已考虑防夹手功能，尤其是小学生及幼儿所在房间的门扇开启部位（图 14）。

图 12

图 13

图 14

3.4 良好的天然采光及自然通风

本案设计有诸多高、大进深的空间，如大厅、风雨操场、餐厅等。为了改善大空间的室内采光环境，设计采用多种方式将天然采光引入室内。大厅顶部结合钢屋架系统布置天窗，充分利用天然采光，减少人工照明以降低用电耗能。风雨操场、小学部教学楼屋面设置侧开型天窗，利用天然采光的同时也能较好地避免直射光产生的眩光影响。餐厅屋面设置有三角形造型的侧天窗，改善大进深空间的天然采光效果。丰富的光影效果也映衬了室内活泼、愉悦的教学环境。在过渡季时，还可利用这些屋顶高窗起到拔风的作用，改善室内的空气质量（图15~图17）。

图15

图16

图17

3.5 人性化设计

学校作为一个有爱的大家庭，对儿童的关爱更是体现在点点滴滴中。主入口通过无障碍坡道衔接室内与室外无障碍人行步道。学生卫生间设有无障碍洗手盆及无障碍隔间、无障碍小便器（图18），同时设计了无障碍楼梯。教室观察窗便于老师观察的同时设计了室内低窗台，配合丰富多彩的学生海报，让整个墙面活泼生动（图19）。

设有学生书包及随身物品统一存放区域，方便管理的同时，也为学生在课堂上集中注意力提供帮助（图20、图21）。

图 18

图 19

图 20

图 21

3.6 积极的内部交通

众所周知，活泼好动是儿童的天性，在教学区的设计中，如何尽量为儿童提供安全、适宜的活动空间是我们考虑的重点。在此，设计采用耐磨防滑地坪，配备充足的室内照明，墙面转角处增加防撞措施等，为学生的活动与预防受伤提供良好的支撑（图22、图23）。

图 22   图 23

3.7   教育推广

学校不仅是一个教书育人的场所，而且是一个对外传播思想的平台。自学校开办以来，定期组织消防知识普及教育、突发情况下的模拟逃生演习，增强学生的安全意识、正确逃生意识，提升应对突发情况的心理素质。同时，开展以学生为主题的校园绿色教育推广活动，组织环境保护、环境科学类全校性竞赛，有效地提高学生的环境知识、环保意识和实践能力。

绿色理念的推广离不开家庭教育的相互促进，既要求家长支持配合绿色校园的创建工作，也要求学生带动家庭成员在日常生活中养成环境友好、资源节约、符合可持续发展理念的环境行为和生活方式。同时鼓励学生走进社区，组织开展面向社区居民的形式多样的环保宣传活动。

3.8   其他

除了上述的绿色技术外，本案还采用了钢结构结构体系、地源热泵系统、雨水回收系统、节水灌溉系统、室内空气质量监控等适宜的绿色措施，并于 2015 年 10 月获批为国家绿色建筑设计标识二星级建筑，对于设计阶段的各项措施，施工方与运营方积极配合，各项运行指标评价积极反馈，最终实现绿色校园的建成落地。

4   总结

本案自 2013 年 5 月开始方案设计，2014 年 3 月完成施工图审图并开工建设，于 2014 年 12 月完成主体竣工验收同时开始内装修作业。2015 年 12 月全部建成并交付使用，截至目前已运营 4 年有余。项目整体评价良好，各部位设施运行正常有序，但也出现局部房间冬季室内温度过低、地源热泵的利用效率不高、管道锈蚀等问题，我们也将持续关注并加以改进。

在本案绿色校园的设计方案伊始，B+H 设计师事务所就将校方提出要开办一所绿色校园的想法作为主轴线，通过场地规划、建筑布局等一系列建筑设计语言来呈现绿色校园。施工图阶段，建学设计团队在充分理解方案方设计想法的前提下，不忘初衷，努力将校方开办绿色校园的目标落到实处，在造价合理、技术成熟、效益显著的前提下争取实施性最高，并全部落实到本案蓝图中。后期在建设方、设计方、施工方的不断沟通与磨合中，最终成就了一个新的绿色校园。

虽然本案设计于 2013 年，但依照现行 2019 版《绿色建筑评价标准》GB/T 50378—2019、《绿色校园评价标准》GB/T 51356—2019 来看，当初采用的多项绿色技术措施，包括安全防护的措施、防夹功能门窗、地面防滑、良好的朝向和自然通风、可再生能源利用、雨水回收以及钢结构的结构体系等措施依旧是适宜的绿色得分点，这也印证了绿色建筑的设计初衷，即"因地制宜、被动优先、主动优化"的基本原则，同时我们也意识到，对比新版标准，在材料的耐久性、空间的灵活运用、下凹式绿地、全龄段通行、屋顶花园、绿色建材的选择等方面还有改进的空间。

最后，向每一位本案的参与者表示感谢，向为绿色校园的成长发展做出贡献的人们点赞！

参考文献

[1] 中华人民共和国建设部. 绿色建筑评价标准 GB/T 50378—2006[S]. 北京：中国建筑工业出版社，2006.

[2] 中华人民共和国住房和城乡建设部. 绿色建筑评价标准 GB/T 50378—2019[S]. 北京：中国建筑工业出版社，2019.

[3] 中国城市科学研究会绿色建筑与节能专业委员会. 绿色校园评价标准 CSUS/GBC 04—2013[S]. 2013.

[4] 中华人民共和国住房和城乡建设部. 绿色校园评价标准 GB/T 51356—2019[S]. 北京：中国建筑工业出版社，2019.

图片来源

图 1、图 2、图 8、图 9、图 17、图 22：B+H 建筑师事务所配合方案资料；
图 3~ 图 7：作者自绘；
图 10~ 图 16、图 18~ 图 20、图 21、图 23：作者拍摄。

9

◇ 客家书园 —— 深圳市坪山区汤坑第一工业区城市更新配套学校

王军

摘　要：本案是一所 30 班小学，项目用地面积紧张，容积率高达 3.3，是一所高容积校园。设计中从城市、教学、邻里、生态四个角度出发进行设计，融合区域文化特色，创造具有地域特点的校园。
关键词：高容积率，客家文化

随着国家城市化进程的快速发展，越来越多人涌入城市，深圳作为城市建设发展的前沿，深圳人口已达到 2500 万人，各区的学位已经全面告急，学校的建设已迫在眉睫。随着城市不断地高速发展，土地的使用也越来越紧张，已经快速地向高密度、集约化发展，而学校建设越来越迫切，中小学校园用地紧张的问题愈加凸显。在城市规划中想找到一块空闲的用地用于学校的建设越来越困难，大多数的学校是在原有校园的基础上进行改扩建，以满足学校建设的要求。同时，面对着教育的改革以及教育的多元化发展，从应试教育向素质教育的转变，也对学校的建设以及教学空间提出了更高的要求。

深圳市为适应教育改革发展要求，深圳市发展改革委、深圳市教育局联合编制了《深圳市普通中小学校建设标准指引》；同时各个区根据自身的特点在此指引的基础上提出了相应的提升指引。汤坑第一工业区城市更新配套学校项目位于深圳市坪山区，是一所 30 班小学，项目用地面积 10799.71m²，根据坪山区的指引要求，学校总建筑面积 43070m²，容积率 3.3，是一所高容积率的小学。按新国标绿色建筑二星设计（图 1）。

我们知道通常的学校容积率在 1.0 及以下，本项目容积率高达 3.3，作为高容积率的学校在设计中如何满足基本的规范要求，同时做到一定创新突破，也成为了本项目的难点。

针对本项目的特点，我们提出了四维校园的理念，从城市、教学、邻里、生态四个维度进行校园的规划设计。

1　城市

1.1　城市空间

项目场地平整，南北约有 2m 高差；周边主要为超高层住宅区以及高新开发区，未来整个片区将为超高层密集区域，而我们的学校为多层建筑，犹如大厦中的一间小屋。项目西北侧为幼儿园，设计中充分考虑对幼儿园的影响，保证幼儿园日照，减少对幼儿园的压迫感，我们在幼儿园侧将空间打开，形成通廊，同时下部将空间进行架空处理，以保证幼儿园良好的通风环境（图1）。

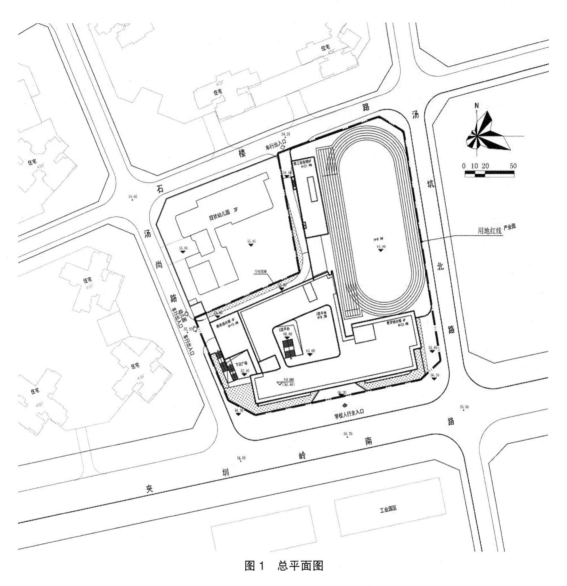

图1　总平面图

1.2　城市形象

坪山是深圳客家民系聚居区，区内有龙田世居（图2）、大万世居（图3）等属于省级文物保护单位的客家民居，在设计中融入客家以及书院的概念，进行围合式的布局，形成院落空间；围合式布局能够最大化地利用场地，同时创造开阔的庭院空间；建筑整体形象的设计，是对中国传统书架进行提炼，创造具有书香韵味的校园形象（图4）。

主入口的设计借鉴传统客家建筑入口形式以及广东岭南园林的造园手法，采用圆拱形设计，通过与建筑外立面的方与圆的对比强调入口形象，增强进入校园的仪式感。入口室内装饰设计采用时

图2　龙田世居

图3　大万世居

图4　立面效果

光隧道的概念，体现了学生由家进入校园后氛围和心情的转变的过程，学生通过光晕的隧道，调节内部心理，通过隧道后进入学习的海洋。利用时光隧道明显地分隔校内校外空间，让学生感觉到进入另外一个世界，增强学生的学习兴趣（图5）。

1.3　城市交通

项目北侧为城市规划城市支路石楼路；东侧紧邻城市支路汤坑北路；南侧紧邻同富路，未来调整为城市次干道嘉圳岭南路；西侧为规划城市支路汤尚路，项目四面环路，交通十分便利；车行从东侧进入，北侧出，形成了右进右出的车行流线，避免车行流线的交叉。

考虑学校上下学接送带来的交通问题，将交通综合体车辆流线借入到校园设计中，在地下设置6000m² 接送疏导中心，采用的士接送的概念，设置蓄车区、临时停车区、上下客区，同时结合学校特点，设置学生接送排队等候区，在等候区设计出入闸口，保证学生的安全（图6）。

图 5　入口效果

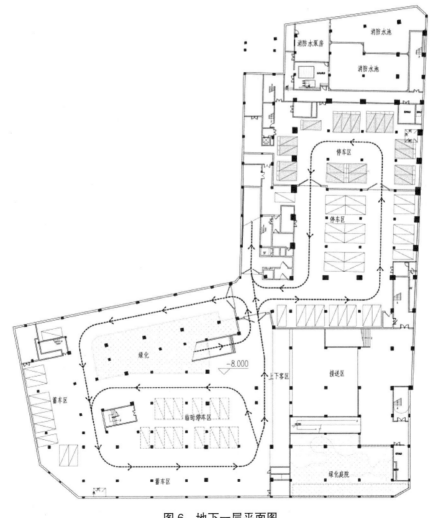

图 6　地下一层平面图

2 教学

2.1 合理分区

学校教育设施种类繁多，如报告厅、多功能教室、展厅、体育馆、标准运动场等。如何划分好校园的分区是设计重点。针对学校特点，我们设置六大功能分区：教学区、公共教学区、办公区、后勤区、休憩区、课间活动区（图 7）。我们根据布局垂直划分校园动区和静区空间，将舞蹈、音乐、器乐等教室，风雨操场，报告厅等动区空间设置在一层，其他楼层设置相对安静的普通教室和部分专业教室；根据深圳主导风向在北侧设置后勤服务区，休憩区结合后勤服务区设置；行政办公设置在半地下一层（图 8）。

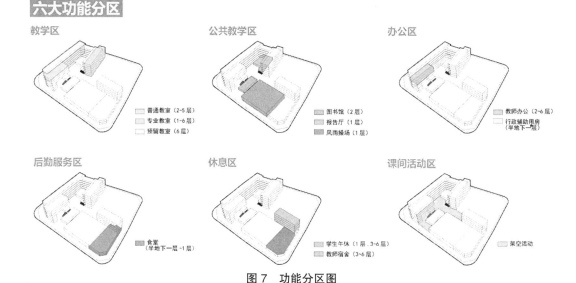

图 7　功能分区图

2.2 安全健康

设计融合岭南建筑特点，设计绿化庭院空间，保证建筑的通风和采光，将自然引入建筑当中，让学生有好的学习氛围和环境。同时设置从负二层一直到 6 层的疏散坡道，为了满足无障碍设计要求，并体现设计中的人文关怀，缓坡坡度设为 2%~3%，坡道正前方设计隔断式休息座椅，既有效地保证了通风及采光，缓解了坡道下来的冲刺速度，又有效地规划了学生的行走路线（图 9、图 10）。

2.3 满足教学

在《中小学校设计规范》中，为保证学生课间操及课间活动期间上下楼，进入课堂后不影响注意力，要求小学主要教学用房不应设置在四层以上，由此我们将运动场抬高 2 层设计，以满足规范中对小学主要教学用房设置在四层以上的要求（图 11）。

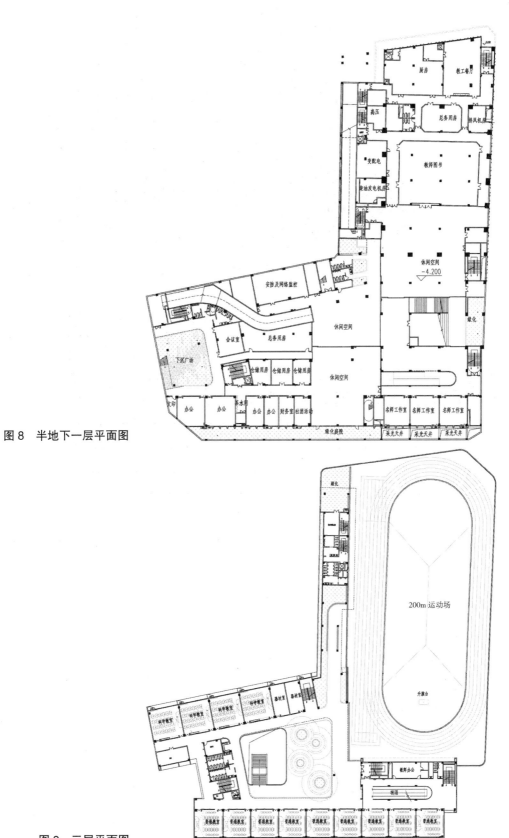

图 8 半地下一层平面图

图 9 三层平面图

图 10　坡道效果

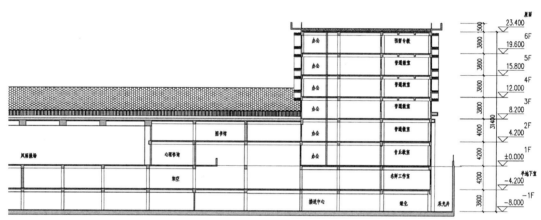

图 11　南北向剖面

　　因为用地的限制，为了满足 200m 运动场的要求以及最大化地利用场地，我们将运动场外挑，在东侧和北侧出挑，进行零退线处理（图 12）。

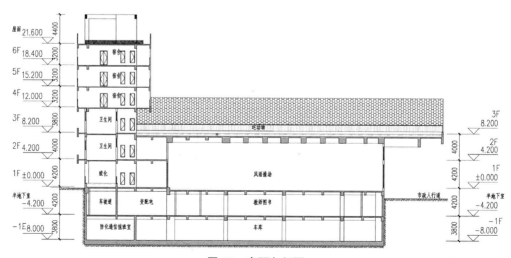

图 12　东西向剖面

3 邻里

随着全民健身运动的发展，社会公共健身资源越来越不能满足人们的运动需求，比如篮球馆、足球场、游泳馆等。而学校的运动设施使用时间有限，在放学及假期时间出于空闲状态，因此我们提出校园公共设施对周边居民开放，例如运动场、篮球馆、报告厅等公共设置，达到资源共享、提供公共服务、提高场馆利用率的目的（图13）。

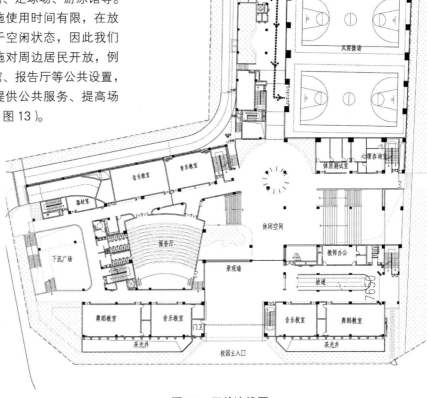

图 13 开放流线图

4 生态

本项目按照国家二星级绿色建筑设计。设计中强调项目建筑的通风和采光，采用下沉式广场、下沉庭院、采光井、架空等公共空间，从而保证地下以及地下建筑的采光通风（图14）。

充分利用屋顶空间，在屋顶设计植物园、活动乐园、屋顶农场，为学生提供更多的活动场所，同时起到隔热的作用。校园设置太阳能热水系统，保证宿舍的热水供应需求；采用雨水回收系统，将屋顶雨水及运动场雨水进行回收利用，用于屋顶农场、屋顶绿化等园区绿化的灌溉使用。校园给水、电力、灌溉及室内空气质量等采用智能化服务系统，且具有远程监控功能（图15）。

在结构设计上采用黏滞阻尼器和屈曲支撑提高建筑的抗震性能。采用了屈曲约束支撑（BRB）和摩擦阻尼器（FD）消能减震方案。阻尼器布置于地上1~6层，其中屈曲约束支撑（BRB）25套、摩擦阻尼器（FD）126套（图16、图17、图18）。

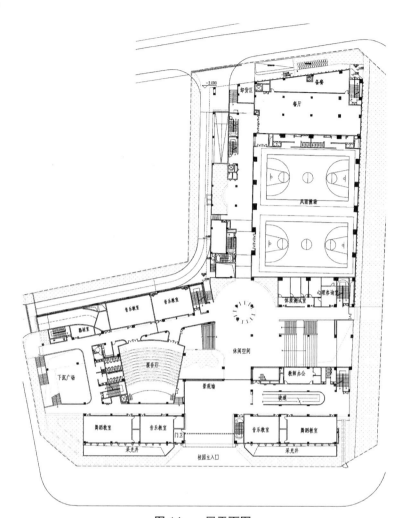

图 14　一层平面图

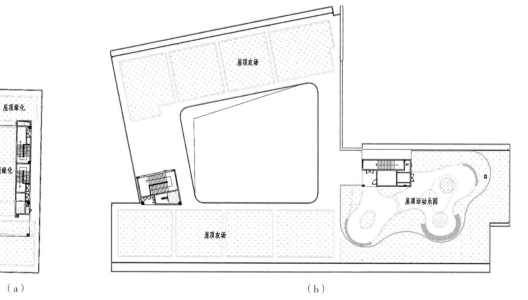

（a）　　　　　　　　　　　　　　　　（b）

图 15　校园屋顶平面图

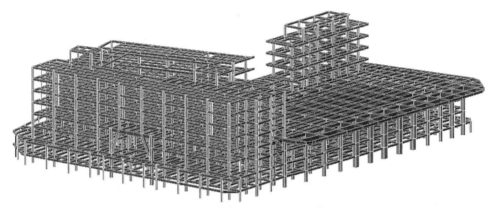

图 16　PKPM 结构模型三维图

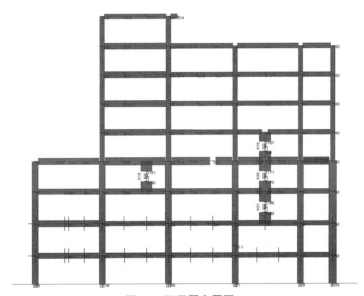

图 17　阻尼器布置图一

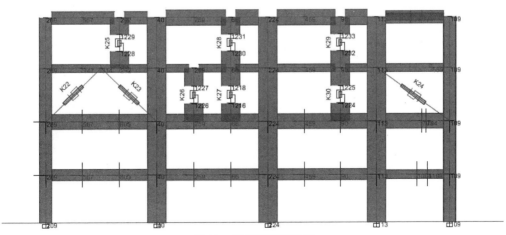

图 18　阻尼器布置图二

5 结语

汤坑第一工业区配套学校从城市的角度进行研究,从规范和实用的角度进行设计,在现有高容积校园不断突出的校园设计中,找到校园设计的突破点。在满足学校要求以及学生安全的前提下,创造具有自身特色和校园文化的新时代校园。

图片来源

图 2:来源于新浪微博文章《寻访坪山客家老围屋》;

图 3:来源于深圳民族摄影中《春节 | 大万世居浩逸风 春节祭祖美传承》;

其他图片来源于作者自绘制。

10

◇ **杭州市余杭区崇贤杨家浜小学绿建设计项目总结**

周俊

摘　要： 本文通过对杭州市余杭区崇贤杨家浜小学绿建设计项目的总结，阐述了该项目在绿色建筑评价方面的得分项目及评价情况，最终该项目获得三星级绿色建筑设计标识证书。

关键词： 《绿色建筑评价标准》GB/T 50378，绿色建筑三星设计标识

1　项目概况

本项目为 36 班全日制小学，由 1 号教学楼、2 号教学楼、3 号教学楼、4 号专用教室楼及行政办公楼、5 号报告厅、6 号食堂体艺楼组成。总用地面积 34547m²，总建筑面积 20311.77m²，其中地上建筑面积 17273.57m²，地下建筑面积 3038.2m²。建筑密度 17.2%，容积率 0.5，绿地率 36%。

2　场地条件

杨家浜小学地处崇贤新城与杭州市的交接处，项目地块位于崇杭街以南，崇文街以北，西边界为康兴路，东面紧邻正在规划建设的商品房住宅区，项目占地面积约 51.8 亩。地块位于崇贤新城 LP 单元板块内，项目用地呈不规则 "L" 形，用地现状为农田，地势平坦。除用地西南角康兴路已建成，其余周边规划道路尚处于建设之中。规划路网中，北侧的崇杭街宽 38m，是横贯崇贤新城东西的交通干道；康兴路宽 28m，是联系杭州城区与崇贤新城的重要南北向道路；南侧崇文街宽 15m。按照崇贤新城 LP 单元控制性详细规划，地块可以向北侧崇杭街和西侧康兴路开设机动车出入口。总用地面积 34547m²。

用地西侧隔康兴路相对，有一块配套的幼儿园用地，幼儿园以南为已建成的杭十四中新校区，场地周边东面为居住用地。因此，设计要根据周边道路和用地的属性，妥善处理校园的出入口和建筑布局。用地西南角为拱墅区用地，该用地分为两个部分，其中西侧为绿化用地，东侧为公交场站，设计应考虑公交的噪声干扰问题。

3 设计目标

崇贤新城是以湖、山等生态环境为品牌，以创新产业和高端总部等为支撑，打造一个融旅游、居住、商业、文化、商务办公等功能为一体的生态和谐之城。杨家浜小学作为崇贤新城建设的配套小学，设计要营造一处新颖独特、符合少儿特性、人文气息浓厚、匹配新城特色的生态化校园。

4 设计思路

传统学校设计在固有思路和功能制约下，多采用规则的行列式线性布局，本设计想要突破以往的设计惯性，塑造具有向心感、归属感的校园，同时在空间格局和建筑造型上更符合少年儿童心理，成为能激发想象力和创造力的校园。我们联想到希腊古典环形剧场的凝聚感，在杨家浜小学校园中营造一处相似的中心广场，以该广场及其环廊为空间骨架，组织校园的各个功能。这种向心的空间格局具有鲜明的场所感，每个学生都是这出"校园剧场"的主角。校园的核心空间是半环状的内广场，广场上布置形态活泼的多功能报告厅，使广场空间更有趣味性和丰富性。各教学楼位于环廊西侧，通过环状走廊串联一起，从北入口向南依次布置为行政楼、专用教室楼和各教学楼。入口门廊东北侧为食堂和教师宿舍，东侧及东南侧为运动场。该布局保证东面有较多的室外活动场地，同时也使建筑物远离东面高层住宅，以获得最长的日照时间。教学楼之间间距大于25m，满足规范需求，也充分考虑了日照间距的要求。教学楼西端山墙距离康兴路17~20m，通过绿化措施能有效地隔绝城市噪声，各教学楼西侧一层之间布置部分专用教室。行政办公入口布置在北主入口西面，既便于教师的出行，也避免日常来访和交流活动干扰教学区。主入口门廊东侧为由食堂和体艺馆构成的综合楼，利用功能叠合，节省土地，扩大学生的活动场地（图1、图2）。

建筑空间布局上打破传统学校设计横平竖直的单一格局，而是采用环形合抱的空间格局，建筑单体造型也在常规的线性体量的基础上，结合了线形和局部活泼变化的弧廊和异型体量，突出了建筑物的个性，打破了建筑物过于呆板的缺陷，同时也隐喻着与周围自然环境的对话，形成耳目一新的校园形象。

建设设计在建筑材质和色彩方面，也充分考虑了少年儿童的心理特征，采用从白色、浅黄到赭黄的组合色调，材质以涂料粉刷和面砖相搭配。局部处理如报告厅局部采用了温暖的木材表面，软化了体艺馆较大体量，给人以亲近的感觉；体艺馆和多功能报告厅的外墙还以点彩的手法开设不规则的色彩窗，富有童趣。整个建筑群手法多样而统一，其生动活泼与亲切和谐的形象会对儿童心理具有潜移默化的良好影响。

5 绿色建筑主要技术措施简介

在该项目的绿色建筑评价中，我们主要采用的技术措施有以下几方面。

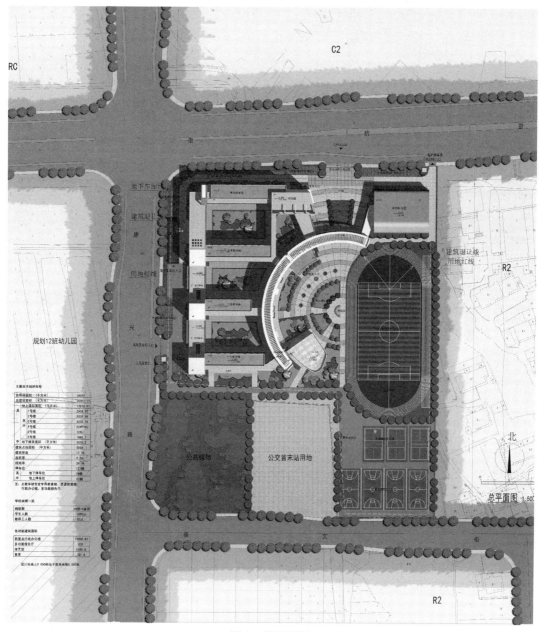

图 1 总平面图

5.1 节地与室外环境

屋顶绿化:本案在 1 号楼、2 号楼、3 号楼的 2 层连接处设置了部分屋顶绿化,绿化面积为 395.4m² 。主要植物采用佛甲草。

乡土植物、复层绿化:主要树种香樟、银杏、马褂木、乐昌含笑、金桂、玉兰、樱花、鸡爪槭、红叶李、紫薇、红花继木、金森女贞、红叶石楠、毛鹃、紫鹃等。

场地交通组织设计合理:机动车出入口及流线:基地在西侧的康兴路设置一个机动车出入口,在北侧崇杭街设置机动车出口。交通布局快捷便利,交通流线清晰合理。

图 2　鸟瞰图

人行出入口及流线：基地北侧沿集崇杭街设置一个人行主出入口，形成一个入口广场。通过阳光连廊将各个单体进行连通。

合理开发地下空间：在 4 号楼地下设置地下空间，主要功能为地下车库及设备用房，地下建筑面积 3038.2m²，与占地面积之比为 51.2%。

透水地面：项目透水地面主要由绿地及植草砖组成。绿地面积为 11447.4m²，植草砖面积 991.4m²，项目总占地面积为 34547m²，其中建筑占地面积为 5938m²，室外透水地面面积比为 43.5%。

5.2　节能与能源利用

高效空调系统：项目共包含 1~6 号楼 6 个楼栋，其中只有 5 号楼报告厅设置了空调系统，其他教学楼栋未设置空调系统。本项目 5 号楼采用变制冷剂流量多联机空调系统，末端采用四面出风型空调机，空调系统 COP 为 3.33。新风系统采用冷凝热回收全新风变频空调机系统，新风调节比达 100%，实现新风全热回效率为 65%。

高效照明灯具：项目选用高效节能型照明灯具，照明功率密度值均按照目标值设计。项目选用的直管型荧光灯均采用 T5 型荧光灯管及节能型电子镇流器，格栅灯效率不低于 60%，开敞式灯具效率不低于 75%。汽车库采用集中控制，走廊、楼梯间及各类房间均选用按钮开关就近控制。

用电分项计量：本项目建筑物内电、气、热等实行分类计量，各类电力计量表安装在低压配电柜内或楼层配电箱内。项目照明、水泵、空调风机等在各配电回路或总配电箱内安装电能计量表。

太阳能热水系统：本项目在食堂设置太阳能热水系统，设计采用太阳能热水器向食堂提供集中生活热水。太阳能热水系统日产水量约 $4m^3$。设计日热水用水量 $13.2m^3$，太阳能供热水比例 30%，设计集热板面积为 $160m^3$。

5.3 节水与水资源利用

雨水回用系统：本项目充分利用雨水，优先收集屋面雨水、空调排水以及消防排水，并采用弃流池弃流后，进入地下室雨水蓄水池，雨水经过净化处理，用作绿化、道路浇洒、车库地面冲洗等。系统的储存、处理工艺，水处理设备均设置于地下。设计最大日回用雨水回用水量为 $39.5m^3$，最大时雨水回用水量为 $8.8m^3$。非传统水源利用率为 22.1%。

节水器具：项目室内全部采用节水器具，蹲便器采用自闭式冲洗阀，一次冲水不大于 6L；洗手间水龙头选用光电感应式延时自闭水龙头；食堂厨房及盥洗槽水龙头采用加气式节水水龙头。

节水灌溉：项目采用喷灌的节水灌溉方式。

按用途设置水表：项目按照用水用途分别设置水表，分为消防用水表、景观用水表、生活总用水表、生活热水表、车库冲洗用水表等。

5.4 节材与材料资源利用

项目现浇混凝土采用预拌混凝土。

项目采用土建与装修工程一体化设计，避免造成材料的浪费。

钢结构体系：项目的室外连廊、5 号楼报告厅、6 号楼体艺楼、食堂均采用了钢结构体系。

5.5 室内环境质量

项目的建筑布局都设置了内庭院，使建筑进深范围都能够有效地进行自然通风。经过室内自然通风模拟计算可知，建筑各个楼栋的房间通风效果良好。

自然采光：本项目建筑楼栋设计布局合理，进深小，因此能够获得良好的采光，经过采光模拟计算可知，主要功能房间，如教室、办公室、报告厅等的采光能 100% 满足采光率要求。

可调节外遮阳系统：本案 6 号楼东西两侧窗户采用电动翼帘型遮阳百叶进行遮阳，该穿孔型遮阳百叶可以根据太阳光进行自动调节，由电动马达驱动。其百叶可在 0° ~ 90° 内任意调节，因此不对室内采光造成影响。

空气质量监测系统：项目在 5 号楼报告厅内设置了二氧化碳监测系统，根据回风管道内的二氧化碳浓度传感器分级控制新风阀开度，实现新风需求控制和最小新风量控制。在 4 号楼地下一层汽车库内设置一氧化碳监测系统，根据车库内一氧化碳浓度传感器控制风机开启，实现自动换气控制。

地下空间自然采光：项目 4 号楼地下空间设置了两个采光井，利用采光井进行采光。经过统计，满足采光照度 150LX 的面积为 $741.45m^2$，地下空间总建筑面积 $3012.06m^2$，满足采光面积比例为 24.6%，因此有效降低了照明能耗。

5.6 运营管理

本项目建筑智能化系统定位合理，采用的技术先进、实用、可靠。包括建筑设备管理系统、公共安全系统、信息设施系统、信息化应用系统、智能化集成系统等的配置均符合现行国家标准要求。

5.7 绿色建筑三星级设计初评判结论

本案绿色建筑三星级设计评价等级项数汇总：控制项全部满足；一般项总共 31 项参评，达标 26 项，同时满足各章节的达标比例要求；优选项 11 项参评，达标 8 项。符合中国绿色建筑委员会标准《绿色建筑评价标准》中对于设计阶段本案绿色建筑三星级项数要求的规定，详见表 1。

杭州市余杭区崇贤杨家浜小学项目设计阶段达标总情况   表 1

等级	一般项数（共 35 项）												优选项数（共 11 项）	
	节地与室外环境（共 6 项）		节能与能源利用（共 8 项）		节水与水资源（共 6 项）		节材与材料资源利用（共 3 项）		室内环境质量（共 5 项）		运行管理（共 3 项）			
	规定值	完成值	规定值	完成值	规定值	完成值	规定值	完成值	规定值	完成值	规定值	完成值	规定值	完成值
★★★	5	5	6	6	5	5	2	2	5	5	3	3	8	8

6 项目进展情况

本项目于 2014 年 5 月底递交申请材料，按照当时的《绿色建筑评价标准》GB/T 50378—2006 进行绿色建筑设计三星标识的申请，并于 2014 年 7 月取得三星级绿色建筑设计标识证书。

参考文献

[1] 中华人民共和国建设部，中华人民共和国国家质量监督检验检疫总局. 绿色建筑评价标准 GB/T 50378—2006[S]. 北京：中国建筑工业出版社，2006.

图片来源

图 1、图 2：来源于浙江华艺建筑设计有限公司。

◇ # 绿色设计策略的探讨
—— 上海交通大学附属第二中学新建创新楼项目

李明康

摘 要： 通过上海交通大学附属第二中学新建创新楼项目的设计实例，对绿色设计策略在校园建筑中的应用进行了探讨，分析了如何将绿色设计策略和相应构造措施与传统校园设计进行融合，探讨如何营造人与自然和谐相处的外部环境以及健康舒适的室内环境。
关键词： 绿色设计，和谐相处，健康舒适

1 项目概况

本案位于上海市闵行区，德宏路以南、平山路以东、MHPO-1102 单元，52-01 地块内。总用地面积 9434.00m²，建设用地面积 6604.00m²，规划道路用地面积 2830.00m²。本次新建内容为：新建一栋四层创新楼（含地下车库）、一条连接创新楼和原有校区的架空连廊，原有校区为本项目基地隔德宏路对面的交大二附中既有校区。新建建筑面积 12735m²，其中地上面积 8882.12m²，地下建筑面积 3852.88m²。

2 绿色设计策略

在项目启动之初，根据甲方要求传统校园建筑结合绿色设计想法，着手从项目规划设计、建筑设计、构造设计三个方面进行绿色建筑设计。本项目为一星级绿色建筑。

2.1 规划设计思想

绿色建筑很重要的一个方面是强调人与自然的和谐相处，中国传统庭院式的布局充分迎合了这一特点。本案总平面设计围绕"庭院"为核心展开，通过外廊连通，创新楼分为南北两部分，实验室、报告厅、舞蹈教室以及体育馆围合设置，营造良好的庭院景观（图1、图2）。

东侧创新实验室南北向单廊布置，通过公共活动空间相连，一层北面为 2 间化学创新实验室，

图 1　效果图

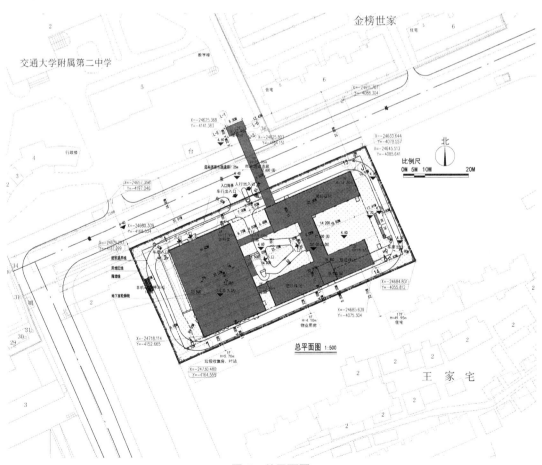

图 2　总平面图

南面 2 间排练室；二层北面 2 间生物创新实验室，南面共 4 间专项实验室；三层北面 2 间物理创新实验室，南面 4 间专项实验室（图 3~ 图 5）。

　　西侧一二层布置报告厅，二层设置少量办公空间，三、四层布置创新教室和体育馆，整个功能空间通过走廊环通（图 3~ 图 7）。

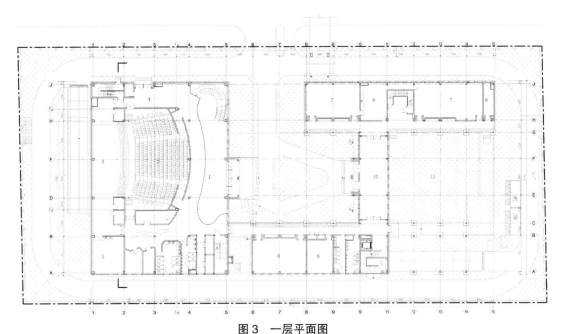

图 3　一层平面图

1- 大厅；2- 观众厅；3- 舞台；4- 前厅；5- 化妆室；6- 排练室；7- 化学创新实验室
8- 准备室；9- 危化品储藏室；10- 门厅；11- 下凹式绿地

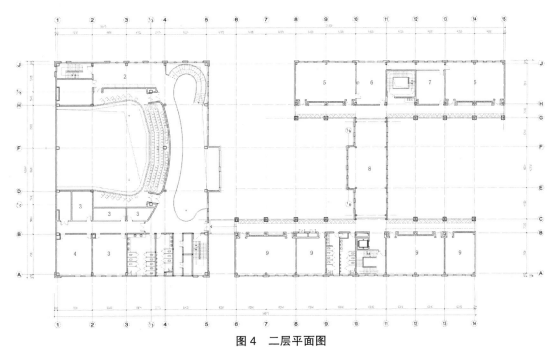

图 4　二层平面图

1- 观众厅；2- 休息区；3- 办公；4- 会议室；5- 生物创新实验室；6- 准备室；7- 组织培养室；
8- 公共活动区；9- 专项实验室

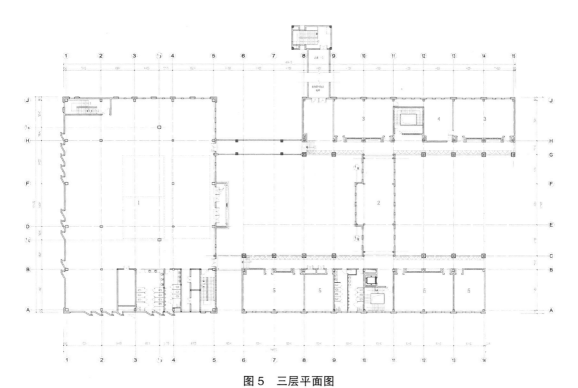

图 5　三层平面图

1- 训练场；2- 公共活动区；3- 物理创新实验室；4- 准备室；5- 专项实验室

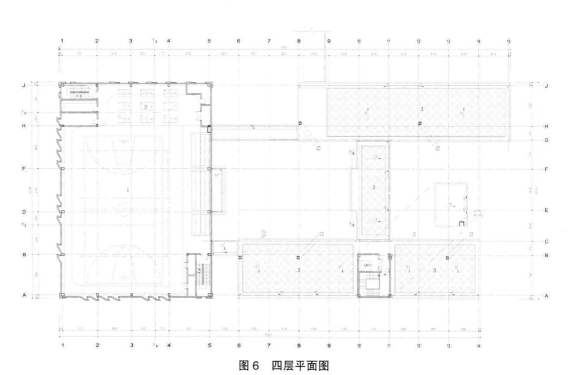

图 6　四层平面图

1- 室内体育馆；2- 乒乓球区；3- 屋顶绿化

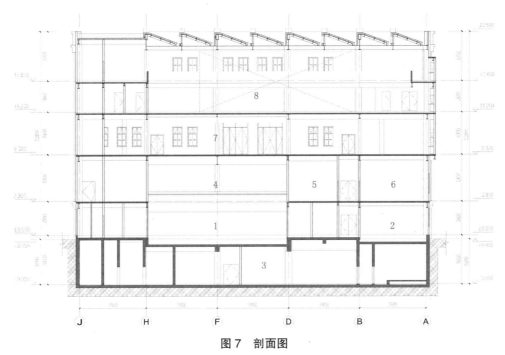

图 7 剖面图

1- 报告厅；2- 化妆室；3- 地下车库；4- 观众厅；5- 办公室；6- 会议室；7- 训练场；8- 室内体育馆

与西方建筑形式的不同之处在于，西方喜好完全封闭式的建筑，院子在建筑外面，中国建筑则相反，院子融合在建筑之中。这种"庭院式"布局承载了中国"天人合一"的思想，体现的是人对自然的敬畏之情。构成庭院式布局的基本手段是围合，表现形式为院落，这种围合形成一定的封闭性，但是实际上非但没有造成空间上的沉闷，反而形成了场地内的小气候，有效改善场地内的通风，降低热岛效应，隔绝噪声，同时形成了一个敞开式的室外活动场地，给师生营造了一个接触大自然的场所，在空间体验上形成室外空间、半室外空间、室内空间的空间序列。

2.2 建筑设计的措施和方法

根据上海市对绿色建筑的管理规定，确定本案依据绿色建筑一星级设计。

2.2.1 围护结构节能设计

节能设计满足《上海市公共建筑节能设计标准》DGJ 08–107—2015，本案节能设计为甲类公共建筑。围护结构节能设计中，金属屋面采用 120 厚岩棉带，导热系数为 0.048W/（m·K），屋面传热系数 0.45W/（m²·K），如图 8 所示；压型钢板组合屋面采用 60 厚挤塑聚苯乙烯泡沫塑料板，导热系数为 0.030W/（m·K），屋面传热系数为 0.46W/（m²·K）。外墙主体节能构造采用加气混凝土砌块外粘贴 40 厚岩棉带，导热系数为 0.048W/（m·K），外墙加权平均传热系数为 0.66W/（m²·K），如图 9 所示。底面接触室外空气的架空或外挑楼板采用 70 厚岩棉带，导热系数为 0.048W/（m·K），传热系数为 0.68W/（m²·K），见图 9。外窗及透明外门采用金属隔热型材 [隔热条高度 26.0mm，5 中透光 Low–E+12Ar+5（中透光在线）]，传热系数 2.2W/m²·K，玻璃遮阳系数 0.60，窗框系数 0.75，气密性 6 级，水密性 3 级，抗风压性能 3 级，可见光透射比 0.50。非透明外门及空调与非空调区域的非透明门采用节能外门，传热系数为 2.2W/m²·K。

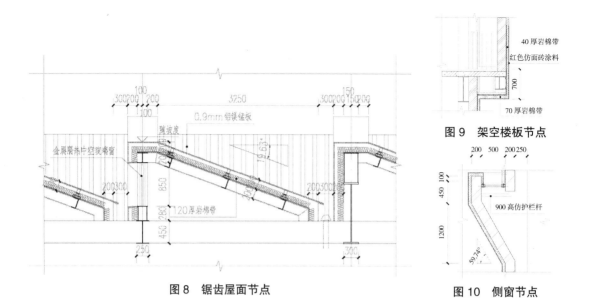

图 8　锯齿屋面节点

图 9　架空楼板节点

图 10　侧窗节点

2.2.2 屋顶绿化

　　根据《上海市绿化条例》及《屋顶绿化技术规范》规定"本市新建公共建筑以及改建、扩建中心城内既有公共建筑，应当对高度不超过 50m 的平屋顶实施绿化，实施屋顶绿化面积不得低于建筑占地面积的 30%"。本案在建筑东侧平屋面种植屋顶绿化，形式为草坪式绿化，覆土层 148mm。屋顶绿化中的覆土层具有理想的保温隔热效果，与地面庭院式绿化组成基地内绿化系统，共同缓解城市热岛效应，改善校园环境，同时为师生提供一片屋顶室外活动场地（图 11、图 12）。

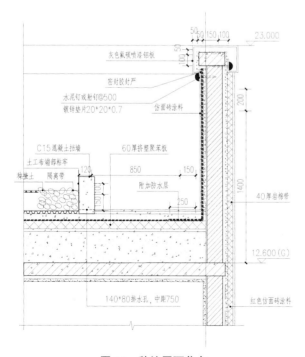

1. 覆土植被层 148 厚（800kg/m³）
2. 3 厚聚氨酯无纺布过滤层，单位面积质量为 300g/m²
3. 20 高凹凸型排水板，凸点向上
4. 50 厚 C25 细石混凝土内配筋 φ6@150 双向，设分仓缝
5. 干铺聚酯无纺布隔离层（200g/m²）
6. 4 厚耐根穿刺 SBS 改性沥青防水卷材（四周延展 3m）
7. 2 厚高聚物改性沥青防水涂膜
8. 20 厚 DS20 预拌砂浆找平层
9. 60 厚挤塑聚苯乙烯泡沫塑料板（密度 35kg/m³）
10. 20 厚 DS20 预拌砂浆找平层
11. 最薄 30 厚 LC5.0 轻集料混凝土 2% 找坡层
12. 钢筋混凝土组合楼板屋顶结构板（原浆收光）

图 11　种植屋面节点

图 12　种植屋面做法

2.2.3　建筑立面外窗及天窗

本案在建筑西侧布置有大空间的训练场和体育馆，外窗朝向北面及东面，体育馆屋顶采用锯齿形天窗，外窗和屋顶天窗充分利用墙面和顶棚的反射光，窗口朝向可以完全接受天空漫射光，光线稳定，直射日光不会照进室内，因此减小了室内温湿度的波动及眩光（图7、图10、图13）。

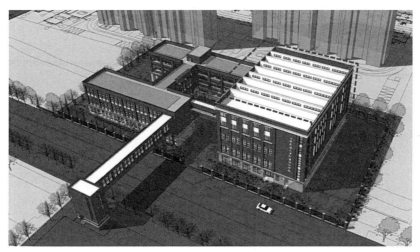

图 13

2.2.4　建筑隔声构造

针对建筑室内构件隔声性能的评价标准主要为《绿色建筑评价标准》GB/T 50378，建筑室内构件隔声的具体要求为主要功能房间的外墙、隔墙、楼板和门窗的隔声性能应满足现行国家标准《民用建筑隔声设计规范》GB 50118—2010 中的低限要求（控制项）；通过对本项目进行建筑构件隔声计算分析，所有构件的隔声性能均满足国家标准《民用建筑隔声设计规范》GB 50118 中的要求。

针对楼板的隔声设计采用楼板中增加一层 5mm 减振垫板，满足楼板撞击声隔声的要求。部分功能房间如实验室采用了塑胶地板面层（图14），观众厅采用木质地板（图15），两种面层材料质地柔软，能有效吸收撞击产生的能量，增强楼板撞击声隔声性能。

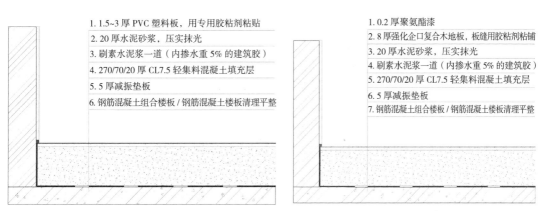

图 14　塑胶地板做法　　　　　　　　　图 15　木质地板做法

3　总结

　　绿色建筑设计是一项复杂而系统的工程，需要各个相关专业紧密配合，同时绿色建筑建造施工完成涉及政府、设计、施工、运行等诸多部门，需要各方共同努力。推行绿色建筑也是适应国家快速发展的需要，能有效缓解目前资源紧张的局面，使生态环境得到有效保护，提高人民居住的舒适性。通过对本案绿色建筑设计过程的回顾，认识到国内现阶段绿色设计现状还存在很多问题，更应该借鉴国外优秀的绿色建筑理念和方法，结合国内政治经济发展水平，因地制宜，形成具有中国特色的绿色建筑。

参考文献

[1]　中华人民共和国住房和城乡建设部 . 绿色建筑评价标准 GB/T 50378—2019[S]. 北京：中国建筑工业出版社，2019.

[2]　中国建筑科学研究院 . 绿色建筑评价技术细则 [M]. 北京：中国建筑工业出版社，2015.

[3]　中华人民共和国住房和城乡建设部 . 民用建筑隔声设计规范 GB 50118—2010[S]. 北京：中国建筑工业出版社，2010.

[4]　上海市住房和城乡建设管理委员会 . 公共建筑节能设计标准 DGJ 08-107—2015[S]. 上海：同济大学出版社，2015.

[5]　上海市绿化条例（上海市人大常委会第二十六号文），2015 年 7 月 23 日 .

[6]　屋顶绿化技术规范 . 沪绿容 [2015]330 号文，2015 年 11 月 4 日 .

图片来源

　　图 1~ 图 15 均为工程项目图片。

12

◇ 组合式布局校园规划研究
—— 深圳市龙岗区梧桐学校改扩建工程

吕倩倩

摘 要：本文以深圳市龙岗区梧桐学校改扩建工程（以下简称本项目）为例，阐述了用地局限的情况下，在教学楼的 25m 噪声间距规范限制下，利用组合式布局在多层建筑内布置更多符合教学要求的教室，解决高密度校园的教室紧缺问题。
关键词：高密度校园，组合式布局，绿容率，绿视率

1 高密度校园的"演变"

梧桐学校改扩建工程是从 36 班扩建为 54 班九年一贯制，建设用地非常之紧张，在 2584m² 的用地范围内解决 1.8 万 m² 的地上建筑面积，包括教学及辅助用房 1.2 万 m²，报告厅、体育用房 2000m²，行政办公及宿舍 2000m² 等，在容积率高达 6.8 的情况下，不容置疑，这个项目是以高层校园的模式中标的。

《深圳市普通中小学校建设标准指引》第二十三条为"普通中小学校的教学、办公用房宜设计成多层建筑。小学主要用房应设置在四层及以下；中学主要教学用房应设置在五层以下。在满足消防疏散、通风采光和加强安全管理的前提下，可以适当增加楼层，增设部分建筑功能仅用于教学辅助用房和行政办公用房。可以根据实际需要适当提高高度，但高度宜控制在 50m 左右。"

根据以上规范，我们把教室放在 1~6 层，把办公室、宿舍等放置在 8~14 层，垂直叠加提高了使用效率，也带来了诸多消防问题，宿舍和教学楼需要两套疏散系统，且高层建筑需要做防烟楼梯间，对学生的上下楼活动极其不利。虽然在教学区采用室外疏散坡道缓解这些压力，但安全因素、施工因素等问题还是促使方案在中标之后进行了调整，适当地调整建设用地范围，高密度校园由高层建筑变为多层建筑（图 1、图 2）。

在项目推进的过程中重新对校园现有建筑物功能进行了统计，与校长、主任及老师们进行沟通之后，发现项目建议书并没有囊括 54 班九年一贯制所需的全部功能，扩建完成以后学校的室外运动场反而更少，无法满足课间操、足球等基本体育运动。校园内唯有基地北侧的三角地块空置，建设立体运动场才能解决运动空间不足的诸多问题。把原先放置在高层的办公室及宿舍放置在相邻的三角地块内，将运动城抬高一层，下方放置风雨操场及架空球场，狭小地块内的高层转变成了铺满校园内空地的多层建筑教学综合楼！

图1 高层效果图（中标）

图2 多层效果图（中标后修改）

2　行列式布局与组合式布局的"较量"

　　梧桐学校改扩建项目建设范围为校园北地块的运动场地，用地资源非常紧张，在教学楼25m
规范限制下，无法布置3排教学楼，布置2排教学楼又有用地富余。初中教学用房须布置在5层
的范围内。传统的行列式布局对噪声间距有严格的限制，在学校用地充足的情况下，行列式布局无
疑是最好用的，但是当用地非常紧张，例如要在2排建筑的用地内布置3排建筑的教室数量时，我
们就需要进行思考。通过对《建筑设计资料集》中校园规划的研究（图3），课室布置的组合式布局，
把部分教室开窗部分相互错开，巧妙避开教室之间的噪声干扰，加大教学楼进深，提高使用效率。
图4为本项目设计中值得借鉴的教室布置方式。

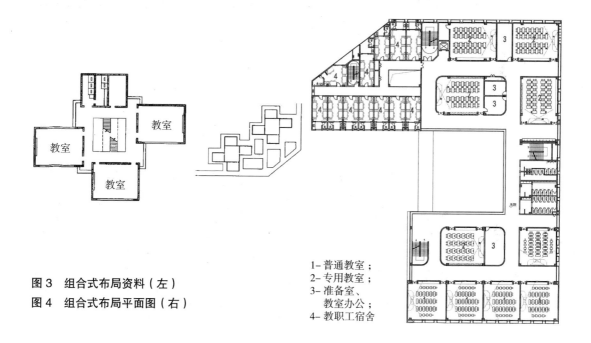

图3　组合式布局资料（左）
图4　组合式布局平面图（右）

1- 普通教室；
2- 专用教室；
3- 准备室、
　　教室办公；
4- 教职工宿舍

3　从平面到立体的空间构成

　　高抬式立体运动场使得新建区域覆盖率增加，从而带来绿化率减少，学生活动空间不足等问题。
为了创造更多的绿化空间，屋顶进行了绿化覆盖，形成种植园地，为学生提供实践园地，同时可以
减少热辐射。

　　架空层、庭院内均根据教学环境设计了休闲、遮噪、美化等不同功能绿化组团，营造出一个宜
人的教学、休憩、交流的环境。此外，在建筑外墙设计立体绿化，在城市界面形成绿意盎然的建筑
形象，增加了地块内的绿视率及绿容率，有效地减少了对环境的热辐射。建筑形象与气候息息相关，
随着四季的变化，拥有不同的风貌。设计多个架空层，增加了走廊的宽度，使学生有多层、立体的
活动空间，新建建筑均与现状建筑用连廊相接，给学生一个风雨无阻的通行空间（图5、图6）。

图 5   运动平台效果

图 6   沿街效果

4   总结

通过对校园内一系列问题的剖析，以绿色、立体、文化为主旋律，从公共空间的自由开放，到教室的布局创新，完成了高密度校园从高层到多层的转变，形成了更安全、更高效、更生态的教学环境，对现状建筑友好，有益于周边社区，激发了城市公共建筑更多创新可能性。

图片来源

图 3：中国建筑学会《建筑设计资料集》（第 3 版）第 4 册 . 北京：中国建筑工业出版社，2017.
图 1、图 2、图 4~ 图 6：来源于作者及同事共同绘制。

13

自然衍生的产物
——深圳市龙岗区平湖街道平湖中学改扩建工程

吕倩倩

摘　要： 本文以深圳市龙岗区平湖中学新建教学综合楼（以下简称本项目）为例，进行了立体校园的初步实践。在规划设计中，扩建部分充分考虑校园内现有建筑、环境、用地的影响，布局整体充满理性及秩序感。功能的垂直叠加、多首层的入口空间为校园增加了复合型功能，也成为校园综合体的概念之一。

关键词： 秩序感，多首层，复合型功能

1　新旧交织，有序生长

平湖中学位于深圳市龙岗区平湖街道凤凰山麓，基地周边多为四类住宅建筑，且密度较高，对校园产生的影响相对消极；项目用地东北侧为凤凰大道，车流量较大，西侧为横岭路，通向学校的次入口。学校现状办学规模为36班初中，建筑面积21465m²，结合学校发展需求，扩建18班初中，扩建后为54班初中，作为深圳市2018年第一季度新开工项目集中启动活动的项目之一，建成后将大大缓解该区域学位紧张的问题。

现状校园教学区呈品字形布局，为正南北朝向，与城市道路及周边住宅有一定的角度，新建教学综合楼势必成为两者之间空间过渡的"桥梁"。位于城市和校园现有建筑之间，既可以成为联系，也可成为阻隔（图1）。

在规划上顺应城市秩序，与现有教学楼的形体延伸、连接形成和谐的建筑肌理，完成空间的过渡作用。新建的半围合庭院，与现有教学楼之间产生联系、对话，使学生的活动意识形成"向心感"，新旧建筑之间有序生长，形成和谐的规划形态。并对现有校园道路进行整治，平行于教学楼，释放出更多的空地，利用北侧道路规整后释放的空间布置自行车停车区，并种植绿化，阻挡噪声；把现有零散运动场集中布置，使得功能分区更加明确（图2、图3）。

图1　建设条件

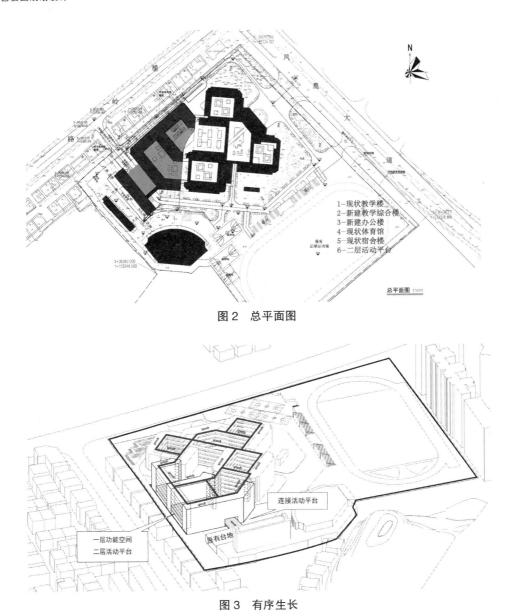

图 2　总平面图

1—现状教学楼
2—新建教学综合楼
3—新建办公楼
4—现状体育馆
5—现状宿舍楼
6—二层活动平台

连接活动平台

一层功能空间
二层活动平台

原有台地

图 3　有序生长

2　融合空间，重塑形象

　　基地西北侧为四类住宅建筑，且密度较高，对校园产生的影响相对消极；然而积极的因素在于西侧市政路是学校的次入口，也是新建区域对外最直接的联系方式，因此新建地块不仅承担了重塑秩序感，还要解决与周边环境及空间的对话矛盾性。

　　针对以上复杂的因素，新建教学楼综合楼在基地西侧形成连续的教学辅助空间，对外形成"街墙"，次入口广场较小，位于农民房遮挡之下。为了解决这一问题，在校园次入口两层通高架空，加强空间的纵深感。两层通高的主入口及绿化平台打破了建筑立面的单调，利用大台阶及色彩区分进行了强调处理，对人流进行了引导。图书馆在教学楼和办公楼之间进行了形体上的联系，下方架空，供消防车通行，形成了校园次入口的另外一个视觉重点（图 4）。

图4 航拍图

　　新建综合楼对内部空间积极，对外部空间消极的处理使空间融入了校园现状，对外立面、主入口等处理重塑了校园次入口形象，在场所的新旧更迭之间激发出新的生命力（图5、图6）。

图5 入口效果1

图6 入口效果2

3 功能复合，多层平台

　　因新建教学楼开发占用了原篮球活动场地的位置，我们在本次设计中尽可能地还原活动场地，但同时要兼顾校园改扩建对多重功能的要求。在首层设计大空间功能的报告厅、会议室，处于两个教学塔楼之间。半开放的图书馆处于教学区和生活区之间，教学、餐饮、办公、会议、活动等功能复合在一栋建筑中，高效叠加。新旧建筑之间设计连廊，使得新建建筑与现有建筑之间更加流畅（图7）。

　　结合人流来向，在底层设计架空空间，二层设计屋顶大平台，连接了教学区和生活区。学生可以进入二层到达初中部活动平台、图书馆以及专业教室，也可以通过首层的架空通道进入现有教学区。多首层的空间设计使空间更加流畅，也为学生增加了一层活动场地。

　　在教学楼屋顶设计实验基地，不仅降低了屋顶楼板温度，节能减排，也为学生创造一个实践体验的空间。有限的场地为学生提供更多的立体活动空间，为本项目创造了更多的可能性，打造一个立体的、绿色的新型校园（图8）。

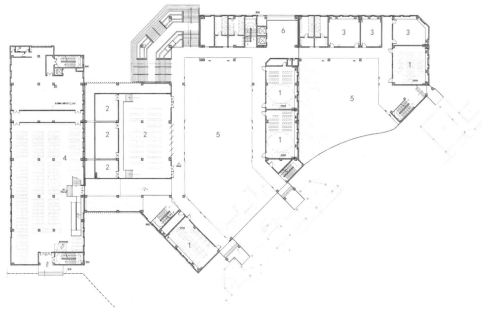

图 7 二层平面图

1- 专用教室；2- 图书馆；3- 准备室、教室办公；4- 餐厅；5- 二层平台；6- 活动平台

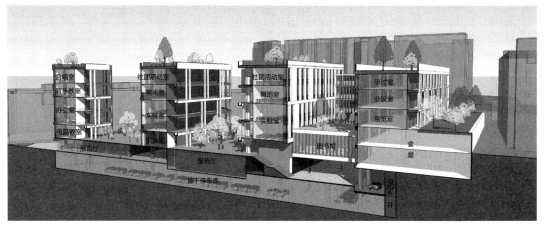

图 8 剖透视图

4 结语

通过新建建筑的"媒介"作用，城市和学校之间形成了和谐的规划肌理、共生的空间形态。建筑与城市之间的衍生、变化时刻在发生，建筑师的任务就是在城市的"秩序"及"自由"之间把握好度，校园的改扩建工程无疑是对我们最好的考验之一！

图片来源

图 1~ 图 3、图 7、图 8：来源于作者及同事共同绘制。

图 4~ 图 6：来源于现场拍摄。

◇ 山顶上的绿色校园
—— 深圳市龙岗区木棉湾九年一贯制学校

王军

摘　要：本项目是一所 54 班的九年一贯制学校，因为地形的关系，项目四面都有很大高差，最大高差有 16m，犹如建在山顶，设计中充分利用地形，同时提出了 100% 绿化的概念。

关键词：地形高差，绿色校园，人文校园，立体校园

　　木棉湾学校原为木棉湾小学，迁建于 1994 年，学校坐落于深圳市龙岗区布吉街道木棉湾社区，现用地面积 22882.96m²，办学规模为 36 班小学。项目开始招标时，拟扩建 18 班初中，扩建后为 54 班九年一贯制学校，我们有幸在多家投标者中中标。

　　木棉湾学校现状可以说是一个在山坡上的建筑，四面都有高差。学校西侧为商业用地，容积率为 3.5，为高层办公商业建筑，且与项目用地约有 16m 的高差；南侧惠康路在建设中，与场地最大高差约 10m；北侧建步路在规划中与场地也存在有 10 多米的高差。现状育苗路坡度较大，自南向北下坡，与场地最大高差处约有 10m，学校现状主入口在育苗路上。

　　项目中标方案采用的是下沉式运动场设计，为此来消化西面的 16m 高差。后通过现场的调研，现状教学楼及宿舍楼破损严重，通过结构安全鉴定单位鉴定，结构安全等级为 C 级，且原有建筑基础为天然基础，如果进行地下室开挖，建筑将无法确保能继续安全使用，存在一定安全隐患，最后论证将其拆除，进行统一规划设计。但由于学校在建设期间无地方进行腾挪，为保证建设期间的学校正常使用，由此学校分两期进行建设。一期建设期间，保证原有学校的正常上课（图 1）；当一期建设完成后，将现状的教学楼和宿舍楼拆除进行二期建设，学生搬移到一期教学楼上课。

　　项目整体规划后总建筑面积为 55369.41m²，地上六层，半地下二层。其中新建建筑面积为：52065.41m²，改造综合楼建筑面积为 3304m²；地上建筑面积 19320.34m²（图 2）。

　　针对校园的整体特点，我们提出"校园综合体"的设计理念，将学校视为一座高度复合的城市综合体，并从"立体校园、绿色校园、人文校园"三个方面来重点体现。

1　立体校园

　　在学校要求 250m 运动场的情况下，学校的布局受到了很大的制约，运动场 25m 噪声的影响也是我们解决的难点。为此我们在三层出挑 25m 大平台空间，来解决 25m 噪声问题；大平台

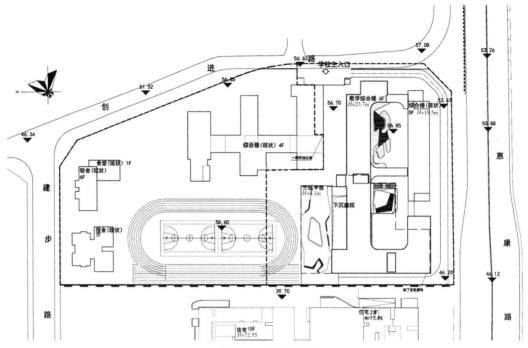

图1 一期总平面图

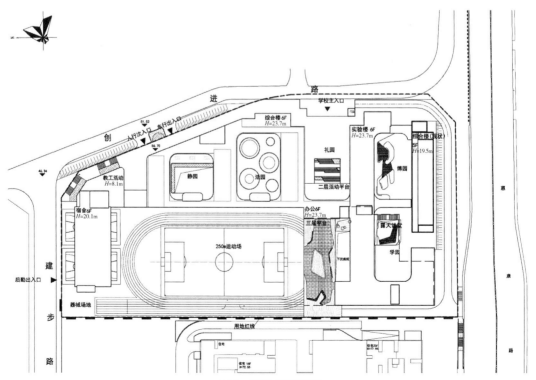

图2 整体规划总图

的设计也从立体上增加了学生的活动空间，学生可以在此凭栏远眺，同时也不影响运动场的使用（图3、图4）。

　　充分利用地形高差关系，设置二层半地下室空间，充分地消化西侧16m高差，消除西侧16m高差挡墙带来的安全问题。在半地下室设置游泳馆、体育馆、图书馆、食堂等大空间，保证功能的使用，同时也能实现很好的通风和采光。同时设置三个下沉式庭院广场，可以解决人员疏散以及进一步改善半地下的采光通风，创造出多层次的校园环境（图5）。

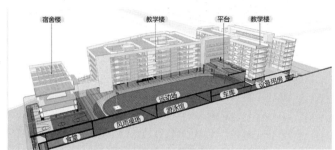

图3　剖面

图4　广场效果

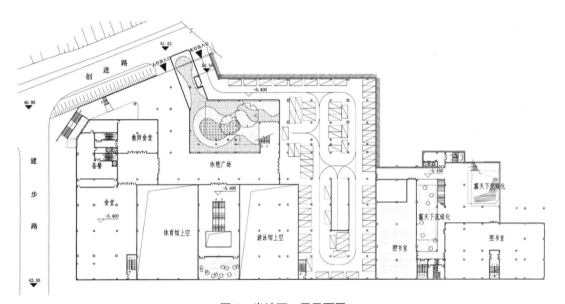

图5　半地下一层平面图

2　绿色校园

　　在满足《绿色校园评价标准》GB/T 51356及《绿色建筑评价标准》GB/T 50378的基础上，提出绿化面积与用地面积达到1：1的目标。在屋顶设置屋顶绿化，可以起到隔热、降低热岛的作用；立面设计立体绿化，可以美化校园立面，同时也可以进行东西向的遮阳（图6）。

　　在一层尽量设置架空空间，让空间打开，保证校园的通风环境，架空层也可以作为学生课间活动的场所（图7）。宿舍屋顶设置太阳能热水系统，保证热水的供应。

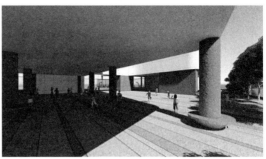

图 6 西立面效果　　　　　　　　　　图 7 架空层效果

3 人文校园

在设计中注重校园文化的营造，我们将岭南书院文化与现代营造方式相结合，创造出适应本地气候，反映人文风情的建筑形式，并成为可辨识的学校文化建筑形象。规划中结合书院文化形成院落空间，注重院落空间的塑造，打造"礼、博、学、活、静"五个庭园，使之成为文化性、功能性场所（图 8~ 图 13）。

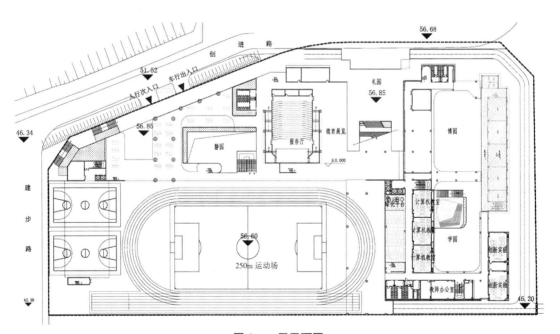

图 8 一层平面图

图片来源

所有图片均来源于作者自绘。

图 9　入口效果图

图 10　博园

图 11　活园

图 12　静园

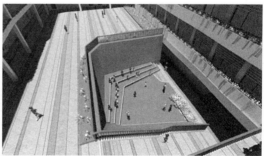

图 13　学园

15

◇ 装配式建筑工艺设计思路分解
—— 杭州市城西第三幼儿园

杜汝　陈丁渭　俞娴怡

摘　要： 目前装配式公共建筑大部分采用叠合楼板、预制楼梯等水平构件。本文以城西第三幼儿园为例，从方案阶段至建造完成，分析并探讨了公共建筑采用预制夹心保温外墙板时的整体设计过程。

关键词： 装配式建筑，幼儿园，施工

近年来，随着国内外研究的不断深入，预制混凝土夹心保温墙板的技术日渐成熟，随着国内住宅产业化的快速发展及建筑围护结构的节能要求指标的日益提高，预制混凝土夹心保温墙板技术在建筑行业中备受关注。杭州市余杭区临平新城城西第三幼儿园作为浙江省首例装配式幼儿园，率先采用预制混凝土夹心保温外墙板、预制叠合板和预制楼梯，实现预制率 40%、装配率 50% 的装配式超低能耗建筑。本文以此工程为例，详细分析了装配式建筑工艺设计过程。

1　什么是装配式建筑

装配式建筑：结构系统、外围系统、设备与管线系统、内装系统的主要部分采用预制部品部件集成的建筑。

装配式混凝土建筑：建筑的结构系统由混凝土部件（预制构件）构成的装配式建筑。

2　为什么要做装配式建筑

随着我国人口老龄化逐渐加剧，各行各业的劳动力红利也逐渐褪去，劳动力成本逐年上升，建筑业也是从劳动密集型产业向技术密集型产业转变。

中国传统的建筑产业大概占 27%~30%，如果加上建材生产制造能耗，能耗占比可达到 40% 左右。也就是说，中国有 1/3 左右的能源在建筑业被消耗。建筑业节能减排迫在眉睫，而作为在改变生产方式上具有革新意义的建筑工业化生产方式是节能减排的重要途径，也已成为建筑业绿色发展的必然趋势。

3 装配式建筑优势

装配式建筑是指主要结构件和部品在工厂中完成生产，运送到施工现场直接拼装建造的建筑类型。装配式建筑不进行或很少进行湿作业，具有工业化程度高、施工程序少、建造速度快、环境污染小等特点。

装配式建筑主要的部品和构件是在工厂生产完成的，主要包括：梁、柱、楼板等结构构件，外墙、门窗等围护构件，隔墙、阳台、空调板等辅助构件，这些构件在工厂中生产完成能够保证质量和减少误差。施工现场进行装配作业，需要大量装配机械，但现浇作业大量减少，施工人员大幅减少，使得施工环境能够得到较好的改善。在进行主体施工时，装修工程也可以同步完成，极大地缩短了建设周期，更容易通过数字化进行管理，所有的构配件信息都能够较好地进行数字化管理，提高生产效率，成本会随着规模化生产逐步降低。

4 装配式建筑工艺设计思路

装配式建筑工艺设计是贯穿整个设计、施工、生产整体建筑过程的专业设计，整个设计流程需满足规划布置结合施工安装的合理性、建筑设计的功能及美学性、结构安全性、设备预留预埋的可实施性、施工周期可控性、现场操作的便利性、运输条件的限制性、生产实施的标准化及简便性、建造成本的可控性、各地区政府对装配式建筑预制率或装配率相关指标等要求。

因此装配式建筑工艺设计需在项目策划及建筑方案前期配合参与，对项目进行整体评估，对工艺方案实现、项目进度、项目综合成本进行整体评估，而不是为了装配而装配。

5 工程案例解读

杭州市余杭区临平新城城西第三幼儿园（以下简称城西三幼，图1~图3）位于临平新城西南区块。地块用地面积约7299m²，建筑面积5958m²。该项目是浙江地区一个装配式超低能耗教育类建筑。

该单体为装配整体式框架结构，采用的预制构件种类为预制混凝土夹心保温外墙板、预制叠合板和预制楼梯，项目预制率为40%，装配率50%，满足装配式建筑评价标准。

5.1 建筑方案阶段

由于城西三幼地块面积较小、施工吊装设备安装操作面小、建筑层高需求不一致、工期交付时间紧、构件标准化低、建安成本要求与传统建造相等同等特点，工艺专业对项目地块及建筑方案进行全面分析。

根据以上构件的特点以及项目难点，由此进行装配构件的选型配置，在满足建筑美观的基础上统一建筑模块的标准化，对围护墙体采用一跨一板"化零为整"的大板原则，减少墙板拼接缝的产

257

图 1　城西三幼建成图

图 2　城西三幼建成图

图 3　城西三幼建成图

生以及减少施工吊装垂直施工作业时间，加快整体项目完成进度。墙板上下连接处采用企口拼接及材料封堵的方式，减少漏水风险。

预制构件种类采用预制夹心保温外墙板、预制叠合楼板、预制楼梯三种构件类型。

预制夹心保温外墙板：围护体系与保温体系一体化，保温与建筑寿命同周期，取消墙体内外抹灰层，墙板内页板上预留套筒与现浇结构的内侧进行对拉，减少临外围区域的结构现浇部件外模板的支模工作。优化整合工序，提高效率合理降低综合建造成本。

预制叠合楼板免去了楼板支模及抹灰工序，减少建筑垃圾的产生。

预制楼梯的现场免支模，缩短了现场施工周期。

5.2　规划方案布置

本阶段需提前进行构件吊装设备的选型及布置场地预留。本项目采用吊车双向错位安装的方式，同期开工安装，大幅度提高了安装速度，与塔吊吊装方案相比，合理减少成本的投入。

5.3　装修方案

装修设计需提前介入，在预制构件中对装修水电进行定点预留预埋，避免重复浪费及破坏，一次成型。

6　总结

装配建筑设计是需要从建筑设计源头开始进行总控与评估，不仅仅需要与各个专业进行协调，同时还需要对项目的合理装配方案配置进行选型。装配式建筑需结合综合设计、施工、生产的所有需求，采用工业化手段进行建造。

16

学校绿色及装配式建筑设计探索
—— 以南京河西南部四号中学项目为例

贺颖　丁学楷

摘　要：随着我国建筑产业的转型升级、科技的进步发展、现代教育的需求，学校建筑迎来了新一轮的创新发展机遇。本文以南京河西南部四号中学项目为例，从总体规划、形体与场地设计、维护结构体系、学校装配式体系等角度探索了高标准建设模式下的绿色学校设计。
关键词：绿色设计，装配式建设，学校建筑

1　引言

近年来绿色校园理念的普及和推广，不仅促进了办学理念的转变，同时也给校园的规划以及教学楼设计带来了新的思路。为了实现绿色校园的设计目标，首先需要做好经济性和环保效益关系的均衡，做好绿色整体规划，有机科学布局。在方案策划阶段贯彻绿色建筑理念，开展各类设计因素的分析。绿色校园设计理念应遵循系统协同性原则、地域性原则、高效性原则、健康性原则。

在新的校园规划与建设过程中，建设的标准逐渐提高，绿色三星建筑日渐成为标准配置，同时结合目前大力推广的装配式建筑产业，如何高标准、快速、可持续地建设绿色校园成为建筑师面临的一个问题。基于此，本文结合河西南部四号中学项目对建筑工业化模式下的绿色校园设计进行了探索。

2　总体规划

本项目位于南京河西南部天宝街西侧，基地周边为城市住宅及商业配套，四面环路。项目为24班初中，规划总用地面积29023m²，总建筑面积31989m²，其中地上总建筑面积24687m²。

整体规划希望结合面向未来的办学理念，在满足公办学校的各项指标要求的同时，尝试创造出大量的非正式学习空间，营造场所感，为学生和教师提供一个绿色的学习空间。

由于用地偏紧，为满足日照及建筑间距要求，校园采取常规的行列式布局，公共教学区包括报告厅、食堂、体育馆、图书馆等功能布置于东侧，有效地屏蔽了城市噪声。普通教学区、多功能教学区布置于中部，与西侧运动区联系方便。地下自行车库设置开敞的下沉广场，将光线引入到车库内（图1、图2）。

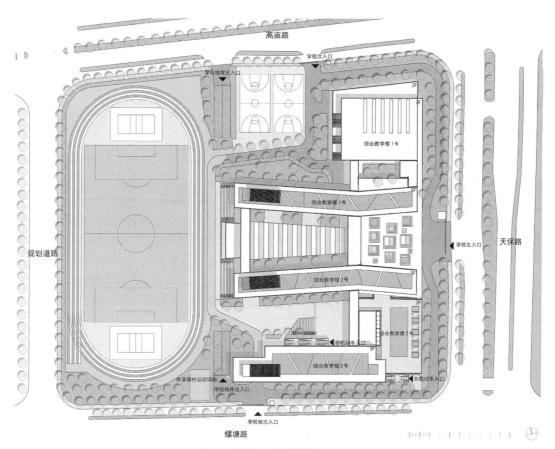

图 1 总平面图

图 2 鸟瞰图

　　非正式学习空间是本项目的核心规划理念，通过校园入口广场、宽敞的南北走廊、与教学楼一体的看台以及每层教学楼端部的放大空间等不同位置和空间尺度的半室外空间设置，为学生提供大量的课外交流和共享的场所，创造全天候的学习环境，实现真正的绿色校园目标。

3　学校绿色建筑设计

3.1　朝向规划与形体设计

　　建筑的合理采光、整体形态需要结合建筑周边环境进行进一步规划。绿色建筑的朝向规划，在建筑设计中起到了决定性作用。有效借助自然资源，如光照以及自然风等，可以降低建筑对照明设备以及空调等的使用频率，从而做到节能减排。本项目地处夏热冬冷地区，北向角度80°，主要教学区域分布在长轴朝向东西的三个长方形单元内，形体系数较低。而报告厅和食堂区域为南北朝向的正方形形体，形体节能效果较差，除优化减少建筑外表面积外，还需要通过其他技术措施重点改善整体建筑的热工性能。

3.2　维护结构节能设计

　　外墙是建筑外维护结构的主体，其材料的保温性能直接影响建筑的耗热量。节能设计应重点着手于这方面，并挑选最合适的隔热材料进行搭构，以保证实现绿色建筑最佳的保温隔热效果。同时还应结合建筑其他需求同步进行，比如保温隔热层可以与 PC 构件结合使用，通过定制外层墙板的外形，最终实现节能——外立面装饰一体化。

　　装配式外围护墙板主要有 PC（内 / 外保温）体系、PCF（内 / 外保温）体系、夹心保温体系、ALC 外墙自保温体系，见图3。PC 体系若采用涂料或真石漆立面，现场完成后，墙厚增量为0，PCF 体系增量为 70mm。

　　内保温后期使用易破坏，影响室内使用面积。优点是造价低，施工方便，材料防火要求不高，内保温层可以少量埋管，遮蔽施工误差缝。

　　外保温工艺复杂，施工时需要外部脚手架，对材料防火要求较高。优点是不影响内部使用空间，传统外保温施工方法可以遮蔽立面拼缝。

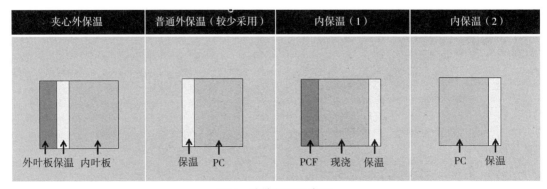

图3　外墙保温示意图

ALC 外墙自保温体系具有保温性能优良、节点安全可靠、使用寿命与建筑物寿命相匹配等优点。减少了施工步骤，能实现外墙保温一体化。缺点是存在冷热桥问题，外饰面材料的使用受限。

夹心保温成本较高，构件重量大，存在冷热桥问题。外立面线条不易处理，石材外饰面的使用受限。优点是不需要现浇外模板，可不用外脚手架，减少现浇量，可获得相应的容积率奖励，如图 4 所示。

本项目内外围护构件的预制装配率为 68%。因外饰面主要使用真石漆涂料，同时对维护结构热工性能的提高有较高要求。所

图 4 夹心保温外墙

以选用夹心保温体系。外叶为 150 厚 ALC 板，内叶为 100 厚 ALC 板，中填岩棉。混凝土梁柱部位采用岩棉与保温砂浆基层。考虑线性热桥后的 K 值为 0.58，外墙维护结构热工性能可提高 20%。

3.3 加强建筑的通风与采光

建筑的采光与通风设计可以有效提高室内环境质量。通风设计上，仔细考虑自然风的利用效率，可有效降低机械通风导致的能源浪费。本项目主要教学区域均采用开敞式外走廊。风雨操场在屋面梁下位置设置通长条窗，保证足够的通风面积。大报告厅因造型与功能需求，需要机械辅助通风排烟。

在采光设计上，平衡自然采光与人工照明，必须有效降低人工照明的使用频率，让自然光的利用率得以提高。通过软件辅助计算后调节教学单元体块的间距，教学区域最不利窗口在冬至日总有效日照时长为四小时。

3.4 屋顶空间利用

充分利用建筑第五立面不仅可以优化城市鸟瞰形象，还能够通过可再生能源的利用与回收达到节能减排的目的，缓解热岛效应，并助力实现"海绵城市"。

屋面绿化设计可以实现降温隔热、美化环境，屋顶花园的植被与土壤还可以吸收雨水、保护屋面防水层，增加屋面的防水性能。教学楼可上人屋面绿化比例为 35%。植被以草坪、地被类为主，种植土厚度 200mm。

种植屋面雨水管理系统包括 SBS 改性沥青耐根穿刺卷材复合防水模块、虹吸排水模块、雨水收集、净化、储存、二次利用模块。该系统通过模块化设计，混凝土边挡组件可在工厂预制，采用干法施工，全部现场组装，减少废料产生。

经计算由可再生能源提供的电量比例达到总用电量的 3%，需要 850m² 的光伏发电区域。本项目光伏发电区域结合种植屋面一体化布置，可提高屋面空间利用效率，预留出更多的学生活动空间。

3.5 改善内部环境

做好声环境的设计把控。通过合理规划设计室内环境功能区，在教学区与城市主干道较近位置引入隔音窗，在舞蹈教室、音乐教室引入吸音吊顶与隔音墙板实现对噪声的有效控制。

使用新型门窗材料，做好门窗整体设计的保密性和保温性等的把控，实现建筑与外界环境的有效过滤。

开展能源消耗分析。选择合适的新风系统与高性能空调设备，实现节能目标。

4 建筑工业化模式下的学校装配式建筑设计

4.1 装配式建筑现阶段发展简述

2015 年起，我国的装配式建筑进入全面发展期，国家、行业顶层制度框架基本完成。标准规范体系基本建全，技术研发力度持续加大，示范城市及基地带动效应明显。各省市相继出台了以装配率为导向的政策，以江苏省为例，苏建科 43 号文提出了 5000m² 以上的新建学校强制应用预制内外墙板、预制楼梯板、预制楼板的总比例不得低于 60%。然而我国装配式建筑发展起步较晚，现阶段在诸如施工工艺层面、市场发展层面存在亟待解决的关键问题。在施工工艺层面的问题多集中在坐浆——注浆连接、后浇混凝土、安装尺寸偏差和成品保护问题等环节。市场发展层面的问题集中在设计、生产和施工之间缺乏一体化的经营管理模式，降低了各环节间的整合协调能力；装配式建筑与传统现浇混凝土结构相比综合成本高，不利推广；缺乏完整的标准体系，预制构件模数不统一，缺乏协调性，没有完善的标准图集。

4.2 基于学校标准化空间的平面设计

装配式建筑在小跨度的住宅建筑领域已经有了丰富的理论研究和完善的设计规范体系。对于学校这类结构标准化、单个空间跨度大的建筑领域研究及应用实践则相对较少。本项目由于用地紧凑，方案呈现为一体式教学楼布局。虽然功能上可分为三栋综合楼，但是由于各个功能单元之间相互组合、穿插，实际形体组合表现为紧凑、集中的整体式空间。装配式设计应遵循少规格、多组合的原则。因此设计根据每个功能区域的特点，将建筑划分为若干模块，在标准化模块单元内再相互进行组合。可以减少重复设计，并通过升级优化形成设计标准化、工艺标准化、建设标准化。学校建筑采用模数化、标准化的平面布置可分为常规空间、特殊空间、交通辅助空间。

本项目普通教室采用 9300×8600 柱网，专业教室采用 9300×8400 柱网。普通教室占一跨柱网，专用教室占一跨半柱网。根据使用功能和模数协调标准，同一柱网分割使用可适应普通教室、实验教室、行政办公的功能和尺寸要求。

特殊空间柱网面宽和高度超出常规空间，可满足合班教室、大中型会议室、阅览室、风雨操场、食堂等空间需求。合班教室采取预应力方式，增加净高、减少耗材。风雨操场采用空间网架、桁架等结构。

依据学校设计规范，以 600mm 为一股人流，交通辅助空间平面为 600mm 的整数倍。本项目主要楼梯间面宽均为 4200mm，重复率不高的梯段宜现浇。主要疏散走道宽度均为 2400mm。

4.3 统一的立面设计

本项目采用两段式立面设计（图 5、图 6），教学楼除首层层高 4500mm 外，其余楼层统一为层高 3900mm。除局部垂直交通体块为特殊造型外，立面风格均为统一模式。窗台高度 1000mm，

图5 东入口人视图

图6 西立面人视图

窗高 2100mm。外墙设置空调机位，平面尺寸、立面高度统一，水平栏板与栏杆高度均为 1100mm。相关构件得以批量化、预制化生产。建筑外立面造型变化不宜过多。但是标准化不意味着造型简单，PC 构件也可以考虑有一定重复量的灵活多变的丰富立面形式。同时应考虑如何处理 PC 构件水平、竖向的拼缝。横向拼缝影响窗间墙装饰，竖向拼缝可以结合立面节奏及色彩等进行调节。拼缝部位防水通常采用封闭式接缝，用不定型密封材料来填充缝隙，保持气密性和水密性。

4.4 基于学校空间的装配式体系

现有的装配式建筑结构体系主要有叠合剪力墙体系、现浇外挂体系、装配整体式框架体系、装配整体式框架 – 剪力墙体系等。

叠合剪力墙体系适用 PC 率较低建筑，造价高，较早期采用。其主要特点为预制的外墙模含外饰面。

现浇外挂体系预制现场施工连接构造相对简单，现场施工效率较高。外墙板仅作围护墙板外挂，外墙板不与现浇部分叠合，不必形成整体。

装配整体式框架 – 剪力墙体系适用于高层办公楼，预制率能做到 60% 以上。装配整体式剪力墙结构体系一般适用于小高层和高层住宅。

装配整体式框架体系指的是全部或部分的框架梁、柱采用预制构件和预制叠合楼板，现场拼装后浇筑叠合层或节点混凝土形成的混凝土结构。该技术发展较早，较成熟，施工效率较高，能为建筑提供灵活的使用空间。缺点在于建筑高度有限，梁、柱截面较大，需结合装修一体化设计。本项目建筑形体有转折，多为横纵向相邻柱间距为 8.4~9.0m 的空间跨度。同一柱网内要求可分割适用多种功能，对空间灵活度有一定要求，所以选用装配整体式框架体系。项目要求单体预制装配率不低于 40%，因此构件分为结构构件和非结构构件，结构构件有叠合板、预制梁、楼梯等。非结构构件包括内墙、外围护墙板、内装建筑部品。

5　总结

绿色校园的建设应该是基于绿色教学理念，以学生教师为根本，通过运用绿色建造技术以及工业化模式下的整体装配式体系，积极利用清洁能源，最大程度上提高资源和能源的利用率，做好建筑细部设计，提升建筑的整体使用效果，从而在建筑全生命周期内，为使用者提供健康、适用的使用空间，实现人与自然和谐共生的高质量建筑。

参考文献

[1]　梁佳驰 . 绿色建筑设计理念和设计方法 [J]. 工程技术研究，2016（5）：118–119.

[2]　何智 . 融合绿建思维的公共建筑设计分析 [J]. 城市建筑，2019，16（02）：172–173.

[3]　卜禹，赵锐 . 我国装配式建筑的可持续性发展研究 [J]. 建筑工程技术与设计，2017（36）：2307.

[4]　鲍少华，钱坤，刘平吉 . 装配式建筑发展瓶颈研究 [J]. 住宅与房地产，2019，（27）：12–13.

[5]　俞大有，吴丹 . 建筑工业化模式下的学校设计 [J]. 中外建筑，2014，（07）：123–127.

[6]　樊则森 . 装配式建筑一体化设计理论与实践探索 [J]. 建设科技，2017，（19）：47–50.

图表来源

图 1、图 2、图 5、图 6：建学建筑与工程设计所有限公司江苏分公司绘制；

图 3：苏州旭杰建筑科技股份有限公司相关介绍资料整理；

图 4：混凝土与水泥制品杂志发表于搜狐网，建筑的防寒避暑利器——预制混凝土夹心墙板配图整理。

3 设计指引

◇ 绿色中小学校设计指引

于天赤

1 设计原则

2019 年 8 月 1 日，住房城乡建设部颁布的《绿色建筑评价标准》GB/T 50378—2019 是一种"通则"式的标准，而对于中小学校这一特殊类型的建筑如何做到有针对性？如何让建筑师、设计师易于理解、方便使用？我们提出以《绿色建筑评价标准》为基础，结合《中小学校设计规范》GB 50099—2011 构成技术措施，在每一项条文中标明涉及的专业、评价内容、检查方法、前提说明，使设计人员在设计之初便了解"规范"与"标准"中的要求，了解绿色建筑全过程的评价方式，使之成为绿色中小学校建筑专属的设计方法。

2 绿色校园决策要素与技术措施

2.1 安全耐久

2.1.1 控制项

表 1

条文及专业	技术措施	评价内容	参考标准
场地安全（建筑）	1. 条文 4.1.1 中小学校应建设在阳光充足、空气流动、场地干燥、排水通畅、地势较高的宜建地段。校内应有布置运动场地和提供设置基础市政设施的条件。 4.1.2 中小学校严禁建设在地震、地质塌裂、暗河、洪涝等自然灾害及人为风险高的地段和污染超标的地段。校园及校内建筑与污染源的距离应符合对各类污染源实施控制的国家现行有关标准的规定。	预评价：项目区位图、场地地形图、勘察报告、环评报告、相关检测报告或论证报告； 评价：项目区位图、场地地形图、勘察报告、环评报告、相关检测报告或论证报告	《中小学校设计规范》GB 50099、《绿色建筑评价标准》GB/T 50378

条文及专业	技术措施	评价内容	参考标准
场地安全（建筑）	4.1.3 中小学校建设应远离殡仪馆、医院的太平间、传染病院等建筑。与易燃易爆场所间的距离应符合现行国家标准《建筑设计防火规范》GB 50016 的有关规定。 4.1.6 学校教学区的声环境质量应符合现行国家标准《民用建筑隔声设计规范》GB 50118 的有关规定。学校主要教学用房设置窗户的外墙与铁路路轨的距离不应小于300m，与高速路、地上轨道交通线或城市主干道的距离不应小于80m。当距离不足时，应采取有效的隔声措施。 4.1.7 学校周界外25m范围内已有邻里建筑处的噪声级不应超过现行国家标准《民用建筑隔声设计规范》GB 50118 有关规定的限值。 4.1.8 高压电线、长输天然气管道、输油管道严禁穿越或跨越学校校园；当在学校周边敷设时，安全防护距离及防护措施应符合相关规定。 6.2.19 食堂不应与教学用房合并设置，宜设在校园的下风向。厨房的噪声及排放的油烟、气味不得影响教学环境。 2. 土壤氡浓度检测	预评价：项目区位图、场地地形图、勘察报告、环评报告、相关检测报告或论证报告； 评价：项目区位图、场地地形图、勘察报告、环评报告、相关检测报告或论证报告	《中小学校设计规范》GB 50099、《绿色建筑评价标准》GB/T 50378
结构安全，建筑围护结构安全、耐久、防护（建筑、结构）	1. 在建筑使用年限内结构构件保持承载力和外观的能力，并满足建筑使用功能要求。地基不均匀沉降、钢材锈蚀等问题的检查。 2. 建筑外墙、屋面、门窗及外保温隔热等围护结构与主体结构连接可靠，防水材料对建筑的影响	预评价：相关设计文件（含设计说明、计算书等）； 评价：相关竣工图（含设计说明、计算书等）	《中小学校设计规范》GB 50099、《绿色建筑评价标准》GB/T 50378
外部设施与结构连接安全及检修、维护（建筑、结构）	1. 外遮阳、太阳能设施、空调室外机位、外墙花池等外部设施应与建筑主体结构统一设计、施工。 2. 在建筑设计时应考虑后期维护、检修条件，不能同时施工应考虑预埋件的安全、耐久性	预评价：相关设计文件（含设计说明、计算书等）； 评价：相关竣工图（含设计说明、计算书等）、检修和维护条件的照片	《中小学校设计规范》GB 50099、《绿色建筑评价标准》GB/T 50378
建筑内部非结构构件、设备、设施的安全（建筑）	1. 条文 5.9.5 本条为保障学生安全。 5.10.5 风雨操场内，运动场地的灯具等应设护罩。悬吊物应有可靠的固定措施。有围护墙时，在窗的室内一侧应设护网。 2. 教室中的储物柜、电视机、图书馆的书柜等与建筑的安全连接	预评价：相关设计文件（含各连接件、配件、预埋件的力学性能及检测检验报告，计算书，施工图）、产品设计要求； 评价：竣工图、材料决算清单、产品说明书、力学及耐久性能测试或试验报告	《中小学校设计规范》GB 50099
建筑外门窗安全（建筑）	1. 条文 8.1.8 教学用房的门窗设置应符合下列规定：二层及二层以上的临空外窗的开启扇不得外开。 2. 外门窗的抗风压性能、水密性能	预评价：相关设计文件、门窗产品三性检测报告； 评价：相关竣工图、门窗产品三性检测报告和外窗现场三性检测报告、施工工法说明文件	《中小学校设计规范》GB 50099、《建筑外门窗气密、水密、抗风压性能分级及检测方法》GB/T 7106、《建筑门窗工程检测技术规程》JGJ/T 205

续表

条文及专业	技术措施	评价内容	参考标准
卫生间、浴室的防水和防潮（建筑）	增加地面做防水层； 增加顶棚做防潮处理	预评价：相关设计文件； 评价：相关竣工图、防滑材料有关测试报告	《中小学校设计规范》GB 50099、《建筑地面工程防滑技术规程》JGJ/T 331
通道空间的疏散、应急安全（建筑）	条文 8.1.8 教学用房的门窗设置应符合下列规定：1. 疏散通道上的门不得使用弹簧门、旋转门、推拉门、大玻璃门等不利于疏散通畅、安全的门；2. 各教学用房的门均应向疏散方向开启，开启的门扇不得挤占走道的疏散通道；3. 靠外廊及单内廊一侧教室内隔墙的窗开启后，不得挤占走道的疏散通道，不得影响安全疏散； 8.2.3 中小学校建筑的安全出口、疏散走道、疏散楼梯和房间疏散门等处每100人的净宽度应按表8.2.3计算。同时，教学用房的内走道净宽度不应小于2.40m，单侧走道及外廊的净宽度不应小于1.80m。 8.6.1 教学用建筑的走道宽度应符合下列规定：1. 应根据在该走道上各教学用房疏散的总人数，按照本规范表8.2.3的规定计算走道的疏散宽度；2. 走道疏散宽度内不得有壁柱、消火栓、教室开启的门窗扇等设施。 8.7.2 中小学校教学用房的楼梯梯段宽度应为人流股数的整数倍。梯段宽度不应小于1.20m，并应按0.60m的整数倍增加梯段宽度。每个梯段可增加不超过0.15m的摆幅宽度。 8.7.7 除首层及顶层外，教学楼疏散楼梯在中间层的楼层平台与梯段接口处宜设置缓冲空间，缓冲空间的宽度不宜小于梯段宽度	预评价：相关设计文件； 评价：相关竣工图、相关管理规定	《中小学校设计规范》GB 50099
安防警示及导视系统（景观）	1. 安全警示标志（容易碰撞、禁止攀爬等） 2. 安全引导标志（紧急出口、楼层标志等）	预评价：标识系统设计与设置说明文件； 评价：标识系统设计与设置说明文件、相关影像材料等	《安全标志及其使用导则》GB 2894

2.1.2 评分项

1. 安全

表2

条文及专业	技术措施	评价内容	参考标准
抗震安全（10分）（结构）	适当提高建筑抗震性能的指标，比现行标准更高的刚度要求，采用隔震、消能减震设计，满足要求可得10分	预评价：相关设计文件、结构计算文件； 评价：相关竣工图、结构计算文件、项目安全分析报告及应对措施结果	《建筑消能减震技术规程》JGJ 297、《TJ防屈曲减震构件应用技术规程》SQBJ/CT105 《绿色建筑评价标准》GB/T 50378
人员安全的防护措施（15分）（建筑、景观）	1. 条文 8.1.5 临空窗台的高度不应低于0.90m。 8.1.6 上人屋面、外廊、楼梯、平台、阳台等临空部位必须设防护栏杆，防护栏杆必须牢固、安全，高度不应低于1.10m。防护栏杆最薄弱处承受的最小水平推力应不小于1.5kN/m。以上2个条文满足要求可得5分。 2. 条文：8.5.5 教学用建筑物的出入口应设置无障碍设施，并应采取防止上部物体坠落和地面防滑的措施，满足要求可得5分。 3. 设缓冲区、隔离带可得5分	预评价：相关设计文件； 评价：相关竣工图	《中小学校设计规范》GB 50099、《绿色建筑评价标准》GB/T 50378

条文及专业	技术措施	评价内容	参考标准
安全防护产品、配件（10分）（建筑）	1.分隔建筑室内外的玻璃门窗、防护栏杆采用安全玻璃，可得5分。 2.人流量大、门窗开合频繁的位置采用闭门器，可得5分	预评价：相关设计文件； 评价：相关竣工图、安全玻璃及门窗检测检验报告	《建筑用安全玻璃》GB 15763、《建筑安全玻璃管理规定》（发改运行[2003]2116号）
室内外地面或路面防滑措施（10分）（建筑）	条文：8.1.7以下路面、楼地面应采用防滑构造做法，室内应装设密闭地漏：（1）疏散通道；（2）教学用房的走道；（3）科学教室、化学实验室、热学实验室、生物实验室、美术教室、书法教室、游泳池（馆）等有给水设施的教学用房及教学辅助用房；（4）卫生室（保健室）、饮水处、卫生间、盥洗室、浴室等有给水设施的房间； 以上全部房间以及电梯门厅、厨房，设置防滑等级不低于Bd、Bw，可得3分。 上述位置达到Ad、Aw级，可得4分。 坡道、楼梯踏步达到Ad、Aw级，并采用防滑条构造，可得3分	预评价：相关设计文件； 评价：相关竣工图、防滑材料有关测试报告	《中小学校设计规范》GB 50099、《建筑地面工程防滑技术规程》JGJ/T 331
人车分流（8分）（建筑、电气）	条文：8.5.6停车场地及地下车库的出入口不应直接通向师生人流集中的道路，且步行系统应有充足照明，满足要求可得8分	预评价：照明设计文件、人车分流专项设计文件； 评价：相关竣工图	《中小学校设计规范》GB 50099、《绿色建筑评价标准》GB/T 50378

2. 耐久

表3

条文及专业	技术措施	评价内容	参考标准
建筑适变性（8分）（建筑）	1.建筑架空层、风雨操场、图书馆采用大空间、多功能可变，满足要求可得7分。 2.主要是针对装配式建筑中的管线与结构主体分体，满足要求可得7分。 3.与第1款的相配量的设施可与之相配，满足要求可得4分	预评价：相关设计文件、建筑适变性提升措施的设计说明； 评价：相关竣工图、建筑适变性提升措施的设计说明	《绿色建筑评价标准》GB/T 50378
部品的耐久性（10分）（建筑、电气、给排水）	部分常见的耐腐蚀、抗老化、耐久性能好部品部件及要求如下所示，满足全部要求可得10分： 1.管材、管线、管件要求： （1）室内给水系统采用铜管或不锈钢管 （2）电气系统采用低烟低毒阻燃型线缆、矿物绝缘类不燃性电缆、耐火电缆等且导体材料采用铜芯 2.活动配件要求： （1）门窗反复启闭性能达到相应产品标准要求的2倍 （2）遮阳产品机械耐久性达到相应产品标准要求的最高级 （3）水嘴寿命达到相应产品标准要求的1.2倍 （4）阀门寿命达到相应产品标准要求的1.5倍	预评价：相关设计文件、产品设计要求； 评价：相关竣工图、产品说明书或检测报告	《建筑给水排水设计规范》GB 50015、《绿色建筑评价标准》GB/T 50378
结构耐久性（10分）（结构）	1.按100年进行耐久性设计，可得10分。 2.采用耐久性能好的结构材料，满足下列条件之一，可得10分： （1）对于混凝土构件，提高钢筋保护层厚度或采用高耐久性混凝土； （2）对于钢构件，采用耐候结构钢及耐候型防腐涂料； （3）对于木构件，采用防腐木材、耐久木材或耐久木制品	预评价：相关设计文件； 评价：相关竣工图、材料用量计算书、材料决算清单	《普通混凝土长期性能和耐久性能试验方法标准》GB/T 50082、《耐候结构钢》GB/T 4171

续表

条文及专业	技术措施	评价内容	参考标准
装饰材料耐久性好、易维护（9分）（建筑）	常用耐久性好的装饰装修材料评价内容如下所示，满足其中一项可得3分，最高得9分： 1. 外饰面材料： （1）采用水性氟涂料或耐候性相当的涂料 （2）选用耐久性与建筑幕墙设计年限相匹配的饰面材料 （3）合理采用清水混凝土 2. 防水和密封： 选用耐久性符合现行国家标准《绿色产品评价防水与密封材料》GB/T35609规定的材料 3. 室内装饰装修材料： （1）选用耐洗刷性≥5000次的内墙涂料 （2）选用耐磨性好的陶瓷地砖（有釉砖耐磨性不低于4级，无釉砖磨坑体积不大于127mm³） （3）采用免饰面层的做法	预评价：相关设计文件；评价：装饰装修竣工图、材料决算清单、材料检测报告及有关耐久性证明材料	《绿色建筑评价标准》GB/T 50378、《绿色产品评价防水与密封材料》GB/T 35609

2.2 健康舒适

2.2.1 控制项

表4

条文及专业	技术措施	评价内容	参考标准
室内空气质量及禁烟标志（建筑、景观）	1.采用绿色环保建材并在使用前进行室内空气质量(氨、甲醛、苯、总挥发性有机物、氡等)进行检测。 2.学校内全面禁烟，在学校围墙8m范围内设禁烟区	预评价：相关设计文件、相关说明文件（装修材料种类、用量，禁止吸烟措施）、预评估分析报告；评价：相关竣工图、相关说明文件（装修材料种类、用量，禁止吸烟措施）、预评估分析报告，投入使用的项目尚应查阅室内空气质量检测报告、禁烟标志	《公共建筑室内空气质量控制设计标准》JGJ/T 461、《绿色建筑评价标准》GB/T 50378
污浊气流排放（建筑、暖通）	1. 条文 6.2.18 食堂与室外公厕、垃圾站等污染源间的距离应大于25.00m。 6.2.13 学生卫生间应具有天然采光、自然通风的条件，并应安置排气管道。 10.1.10 化学与生物实验室、药品储藏室、准备室的通风设计应符合下列规定：（1）应采用机械排风通风方式。排风量应按本规范表10.1.8确定；最小通风效率应为75%。各教室排风系统及通风柜排风系统均应单独设置。（2）补风方式应优先采用自然补风，条件不允许时，可采用机械补风。（3）室内气流组织应根据实验室性质确定，化学实验室宜采用下排风。（4）强制排风系统的室外排风口宜高于建筑主体，其最低点应高于人员逗留地面2.50m以上。（5）进、排风口应设防尘及防虫鼠装置，排风口应采用防雨雪进入、抗风向干扰的风口形式。 2. 对厨房、餐厅、打印复印室、卫生间、地下车库等设机械排风，避免厨房、卫生间排气倒灌	预评价：相关设计文件、气流组织模拟分析报告；评价：相关竣工图、气流组织模拟分析报告、相关产品性能检测报告或质量合格证书	《中小学校设计规范》GB 50099、《建筑设计防火规范》GB 50016、《民用建筑设计统一标准》GB 50352

续表

条文及专业	技术措施	评价内容	参考标准
给水排水系统（给排水）	1. 生活水水质满足国家标准。 2. 制定清洗计划，半年不少于1次。 3. 便器自带水封≥50mm。 4. 非传统水源的管道设备应明确、清晰，可见条文：10.2.12 中小学校应按当地有关规定配套建设中水设施。当采用中水时，应符合现行国家标准《建筑中水设计标准》GB 50336 的有关规定。	预评价：市政供水的水质检测报告（可用同一水源邻近项目一年以内的水质检测报告）、相关设计文件（含卫生器具和地漏水封要求的说明、标识设置说明）； 评价：相关竣工图、产品说明、各用水部门水质检测报告、管理制度、工作记录	《中小学校设计规范》GB 50099、《生活饮用水卫生标准》GB 5749、《工业管道的基本识别色、识别符号和安全标识》GB 7231
室内噪声和隔声（建筑）	1. 条文 4.3.7 各类教室的外窗与相对的教学用房或室外运动场地边缘间的距离不应小于25m。 5.8.6 音乐教室的门窗应隔声。墙面及顶棚应采取吸声措施。 2. 外墙、隔墙、楼板、门窗等构件隔声应满足条文：9.4.2 主要教学用房的隔声标准应符合表9.4.2 的规定	预评价：相关设计文件、环评报告、噪声分析报告、构件隔声性能的实验室检验报告； 评价：相关竣工图、噪声分析报告、构件隔声性能的实验室检验报告	《中小学校设计规范》GB 50099、《民用建筑隔声设计规范》GB 50118
建筑照明（电气）	1. 条文 9.3.1 主要用房桌面或地面的照明设计值不应低于表9.3.1 的规定，其照度均匀度不应低于0.7，且不应产生眩光。 9.3.2 主要用房的照明功率密度值及对应照度值应符合表9.3.2 的规定及现行国家标准《建筑照明设计标准》GB 50034 的有关规定。 2. 采用无危险类照明产品	预评价：相关设计文件、计算书； 评价：相关竣工图、计算书、现场检测报告、产品说明书及产品型式检验报告	《中小学校设计规范》GB 50099、《建筑照明设计标准》GB 50034、《灯和灯系统的光生物安全性》GB/T 20145
室内温湿环境（暖通）	条文 10.1.7 中小学校内各种房间的采暖设计温度不应低于表10.1.7 的规定，有关夏季空调湿度	预评价：相关设计文件； 评价：相关竣工图、室内温湿度检测报告	《中小学校设计规范》GB 50099、《民用建筑供暖通风与空气调节设计规范》GB 50736
围护结构热工性能（建筑）	1. 北方不结露，南方不考虑。 2. 北方产生冷凝，南方不考虑。 3. 屋顶隔热设计	预评价：相关设计文件、隔热性能验算报告； 评价：相关竣工图、检测建筑构造与计算报告一致性	《民用建筑热工设计规范》GB 50176
主要功能用房设独立的温控系统（暖通）	1. 条文 10.1.12 计算机教室、视听阅览室及相关辅助用房宜设空调系统。 10.1.13 中小学校的网络控制室应单独设置空调设施，其温、湿度应符合现行国家标准《数据中心设计规范》GB 50174 的有关规定。 2. 分区、分层、分房间设置空调系统	预评价：相关设计文件； 评价：相关竣工图、产品说明书	《中小学校设计规范》GB 50099
一氧化碳浓度监测（暖通）	1. 条文 10.1.8 应采取有效的通风措施，保证教学、行政办公用房及服务用房的室内空气中 CO_2 的浓度不超过0.15%； 2. 地下室的地下停车场设置一氧化碳浓度检测装置	预评价：相关设计文件； 评价：相关竣工图、运行记录	《中小学校设计规范》GB 50099

2.2.2 评分项

1. 室内空气品质

表 5

条文及专业	技术措施	评价内容	参考标准
控制室内污染物浓度（12分）（建筑、暖通）	1. 条文 9.1.3 当采用换气次数确定室内通风量时，各主要房间的最小换气次数应符合表9.1.3的规定。 10.1.8 中小学校的通风设计应符合下列规定：（1）应采取有效的通风措施，保证教学、行政办公用房及服务用房的室内空气中 CO_2 的浓度不超过0.15%；（2）当采用换气次数确定室内通风量时，其换气次数不应低于本规范表9.1.3的规定；（3）在各种有效通风设施选择中，应优先采用有组织的自然通风设施；（4）采用机械通风时，人员所需新风量不应低于表10.1.8的规定。 2. 氨、甲醛、苯、总挥发性有机物、氡等污染物浓度低于10%，得3分；低于20%，得6分。 3. 室内 PM2.5 年均浓度不高于 $25\mu g/m^3$，且室内PM10年均浓度不高于 $50\mu g/m^3$，得6分	预评价：相关设计文件、建筑材料使用说明（种类、用量）、污染物浓度预评估分析报告； 评价：相关竣工图、建筑材料使用说明（种类、用量）、污染物浓度预评估分析报告、投入使用的项目尚应查阅室内空气质量现场检测报告、PM2.5和PM10浓度计算报告（附原始监测数据）	《中小学校设计规范》GB 50099、《公共建筑室内空气质量控制设计标准》JGJ/T 461
绿色装饰材料（8分）（建筑）	选用满足要求的装饰材料，达到3类以上，可得5分；达到5类以上，可得8分	预评价：相关设计文件； 评价：相关竣工图、工程决算材料清单、产品检验报告	《绿色产品评价 涂料》GB/T 35602、《绿色产品评价 纸和纸制品》GB/T 35613、《绿色产品评价 陶瓷砖（板）》GB/T 35610、《绿色产品评价 人造板和木质地板》GB/T 35601、《绿色产品评价 防水与密封材料》GB/T 35609

2. 水质

表 6

条文及专业	技术措施	评价内容	参考标准
各种水质要求（8分）（给水排水）	直饮水、集中生活热水、游泳池水、景观水体等水质满足国家标准，如未设置生活饮用水储水设施，可直接得分	预评价：相关设计文件、市政供水的水质检测报告（可用同一水源邻近项目一年以内的水质检测报告）； 评价：相关竣工图、设计说明各类用水的水质检测报告	《饮用净水水质标准》CJ 94、《生活饮用水卫生标准》GB 5749、《生活热水水质标准》CJ/T 521、《游泳池水质标准》CJ 244、《城市污水再生利用 景观环境用水水质》GB/T 18921
储水设施卫生要求（9分）（给水排水）	1. 使用国家标准的成品水箱，得4分 2. 储水设施分格、水流通畅、设检查口、溢流管等，得5分	预评价：相关设计文件（含设计说明、储水设施详图、设备材料表）； 评价：相关竣工图（含设计说明、储水设施详图、设备材料表）、设备材料采购清单或进行记录、水质检测报告	《二次供水设施卫生规范》GB 17051、《二次供水工程技术规程》CJJ 140
管道、设备、设施标识（8分）（给水排水）	所有的给水排水管道、设备、设施设置明确、清晰的永久性标识，得8分	预评价：相关设计文件、标识设置说明； 评价：相关竣工图、标识设置说明	《工业管道的基本识别色、识别符号和安全标识》GB 7231、《建筑给水排水及采暖工程施工质量验收规范》GB 50242

3. 声环境与光环境

表 7

条文及专业	技术措施	评价内容	参考标准
优化主要功能用房声环境，控制噪声影响（8分）（建筑）	条文：9.4.2 主要教学用房的隔声标准应符合表 9.4.2 的规定。 满足低限标准限值和高要求标准限值的平均值，得 4 分；满足高要求标准限值，得 8 分	预评价：相关设计文件、噪声分析报告； 评价：相关竣工图、室内噪声检测报告	《中小学校设计规范》GB 50099、《民用建筑隔声设计规范》GB 50118
主要功能房间隔声性能良好（10分）（建筑）	1. 隔声门窗、隔墙与外墙材料和厚度等要求，满足低限标准限值和高要求标准限值的平均值，得 3 分；满足高要求标准限值，得 5 分。 2. 采用隔声垫、隔声砂浆、地毯、木地板、吸音吊顶等措施，满足低限标准限值和高要求标准限值的平均值，得 3 分；满足高要求标准限值，得 5 分	预评价：相关设计文件、构件隔声性能的实验室检验报告； 评价：相关竣工图、构件隔声性能的实验室检验报告	《中小学校设计规范》GB 50099、《民用建筑隔声设计规范》GB 50118
利用天然采光（12分）（建筑）	1. 条文 9.2.1 教学用房工作面或地面上的采光系数不得低于表 9.2.1 的规定和现行国家标准《建筑采光设计标准》GB/T 50033 的有关规定。在建筑方案设计时，其采光窗洞口面积应按不低于表 9.2.1 窗地面积比的规定估算。 9.2.3 除舞蹈教室、体育建筑设施外，其他教学用房室内各表面的反射比值应符合表 9.2.3 的规定，会议室、卫生室（保健室）的室内各表面的反射比值宜符合表 9.2.3 的规定。 满足以上条文要求可得 6 分。 2. 地下空间设置导光管、下沉广场、采光井等设计，地下空间平均采光系数不小于 0.5% 的面积与地下室首层面积的比例达到 10% 以上，可得 3 分。 3. 采用室内遮阳措施，避免炫光，可得 3 分	预评价：相关设计文件、计算书； 评价：相关竣工图、计算书、采光检测报告	《中小学校设计规范》GB 50099、《建筑采光设计标准》GB 50033

4. 室内热湿环境

表 8

条文及专业	技术措施	评价内容	参考标准
良好的室内热湿环境（8分）（暖通）	1. 采用自然通风或复合通风的建筑，主要功能房间室内热湿环境参数在适应性热舒适区域的时间比例，达到 30%，得 2 分；每再增加 10%，再得 1 分，最高得 8 分。 2. 采用人工冷热源的建筑，主要功能房间达到现行国家标准《民用建筑室内热湿环境评价标准》GB/T 50785 规定的室内人工冷热源热湿环境整体评价 II 级的面积比例，达到 60%，得 5 分；每再增加 10%，再得 1 分，最高得 8 分	预评价：相关设计文件、计算分析报告； 评价：相关竣工图、计算分析报告	《民用建筑室内热湿环境评价标准》GB/T 50785
优化建筑空间和平面布局，改善自然通风的效果（8分）（建筑、绿色建筑）	采用中庭、天井、通风塔、导风墙、外廊、可开启外墙或屋顶、地道风等；过渡季主要功能房间（课室）换气次数小于 3.5 次 /h 的面积达到 70%，得 5 分；每再增加 10%，再得 1 分，最高得 8 分	预评价：相关设计文件、计算分析报告； 评价：相关竣工图、计算分析报告	《绿色建筑评价标准》GB/T 50378
设置可调节遮阳措施，改善室内热舒适（9分）（建筑）	采用可调节遮阳设施包括活动外遮阳设施（含电致变色玻璃）、中置可调遮阳设施（中空玻璃夹层可调内遮阳）、固定外遮阳（含建筑自遮阳），可调节遮阳设施的面积占外窗透明部分比例 S_z 评分规则，如下所示： $25\% \leq S_z < 35\%$，得 3 分； $35\% \leq S_z < 45\%$，得 5 分； $45\% \leq S_z < 55\%$，得 7 分； $S_z \geq 55\%$，得 9 分	预评价：相关设计文件、产品说明书、计算书； 评价：相关竣工图、产品说明书、计算书	《绿色建筑评价标准》GB/T 50378

2.3　生活便利

2.3.1　控制项

表9

条文及专业	技术措施	评价内容	参考标准
无障碍系统（建筑）	建筑、室外场地、公共绿地、城市道路之间设置连贯的无障碍步行系统	预评价：相关设计文件；评价：相关竣工图	《无障碍设计规范》GB 50763
与公共交通连接（建筑）	学校主要出入口500m内应有公交站点或接驳车	预评价：相关设计文件、交通站点标识图；评价：相关竣工图	《绿色建筑评价标准》GB/T 50378
充电桩及无障碍车位（建筑）	1. 充电桩占总停车位的30%。2. 无障碍车位占总停车位的1%，且停放地面或地下出入口显著位置	预评价：相关设计文件；评价：相关竣工图	《电动汽车充电基础设施和发展指南（2015-2020）》、《无障碍设计规范》GB 50763
自行车（建筑）	位置、规模合理，并有遮阳防雨设施	预评价：相关设计文件；评价：相关竣工图	《绿色建筑评价标准》GB/T 50378
设备管理（电气、运营）	自动监控管理功能	预评价：相关设计文件（智能化、装修专业）；评价：相关竣工图	《智能建筑设计标准》GB/T 50314、《建筑设备监控系统工程技术规范》JGJ/T 334
信息系统（电气、运营）	1. 条文 10.4.1 中小学校的智能化系统应包括计算机网络控制室、视听教学系统、安全防范监控系统、通信网络系统、卫星接收及有线电视系统、有线广播及扩声系统等。 10.4.2 中小学校智能化系统的机房设置应符合下列规定： （1）智能化系统的机房不应设在卫生间、浴室或其他经常可能积水场所的正下方，且不宜与上述场所相贴邻； （2）应预留智能化系统的设备用房及线路敷设通道。 2. 包括物理线缆层、网络交换层、安全及安全管理层、运行维护管理系统五部分	预评价：相关设计文件（智能化、装修专业）；评价：相关竣工图	《智能建筑设计标准》GB/T 50314、《建筑设备监控系统工程技术规范》JGJ/T 334

2.3.2　评分项

1. 出行与无障碍

表10

条文及专业	技术措施	评价内容	参考标准
与公交站联系便捷（8分）（建筑）	1. 学校主要出入口到达公共交通站点或轨道交通站的步行距离不超过（500m，800m），得2分；不超过（300m，500m），得4分。2. 学校出入口步行距离800m范围内设有不少于2条线路的公共交通站点，得4分	预评价：相关设计文件；评价：相关竣工图	《绿色建筑评价标准》GB/T 50378
公共区域全龄化设计（8分）（建筑）	1. 均满足无障碍设计，得3分。2. 墙、柱等阳角均为圆角，并设安全抓杆，得3分。3. 设无障碍坡道，得2分	预评价：相关设计文件（建筑专业、景观专业）；评价：相关竣工图	《无障碍设计规范》GB 50763

2. 服务设施

表 11

条文及专业	技术措施	评价内容	参考标准
公共服务（10 分）（建筑）	满足 1 项得 5 分，满足 2 项得 10 分： 1. 公共活动空间（运动场、风雨操场、报告厅等）可错峰向公共开放且不小于两项。 2. 充电桩不少于 30%	预评价：相关设计文件、位置标识图； 评价：相关竣工图、投入使用的项目尚应查阅设施向社会共享的实施方案、工作记录等	《绿色建筑评价标准》GB/T 50378
城市公共空间的可适性（5 分）（建筑）	直接得分	预评价：相关设计文件、位置标识图； 评价：相关竣工图	《绿色建筑评价标准》GB/T 50378
合理设置健身场地和空间（10 分）（建筑）	直接得分	预评价：相关设计文件、场地布置图、产品说明书； 评价：相关竣工图、产品说明书	《绿色建筑评价标准》GB/T 50378

3. 智慧运行

表 12

条文及专业	技术措施	评价内容	参考标准
分类、分级用能自动远传计量、监测浓度（8 分）（电气、运营）	条文 10.3.2 中小学校的供、配电设计应符合下列规定：（1）中小学校内建筑的照明用电和动力用电应设总配电装置和总电能计量装置。总配电装置的位置宜深入或接近负荷中心，且便于进出线。（2）中小学校内建筑的电梯、水泵、风机、空调等设备应设电能计量装置并采取节电措施。（3）各幢建筑的电源引入处应设置电源总切断装置和可靠的接地装置，各楼层应分别设置电源切断装置。（4）中小学校的建筑应预留配电系统的竖向贯通井道及配电设备位置。（5）室内线路应采用暗线敷设。（6）配电系统支路的划分应符合以下原则：1）教学用房和非教学用房的照明线路应分设不同支路；2）门厅、走道、楼梯照明线路应设置单独支路；3）教室内电源插座与照明用电应分设不同支路；4）空调用电应设专用线路。（7）教学用房照明线路支路的控制范围不宜过大，以 2～3 个教室为宜。（8）门厅、走道、楼梯照明线路宜集中控制。（9）采用视听教学器材的教学用房，照明灯具宜分组控制。 需全部满足以上条文要求可得 8 分	预评价：相关设计文件（能源系统设计图纸、能源管理系统配置等）； 评价：相关竣工图、产品型式检验报告，投入使用的项目尚应查阅管理制度、历史监测数据、运行记录	《中小学校设计规范》GB 50099、《用能单位能源计量器具配备和管理通则》GB 17167
设置空气质量监测系统（5 分）（暖通、运营）	PM10、PM2.5、CO_2 浓度数据至少储存一年并可实时显示，得 5 分	预评价：相关设计文件（监测系统设计图纸、点位图等）； 评价：相关竣工图、产品型式检验报告，投入使用的项目尚应查阅管理制度、历史监测数据、运行记录	《绿色建筑评价标准》GB/T 50378

条文及专业	技术措施	评价内容	参考标准
用水远传计量水质在线监测系统（7分）（给排水、运营）	1. 用水量远传计量，得3分。 2. 利用计量数据检测、分析管网漏损低于5%，得2分。 3. 水质在线监测(生活饮用水、直饮水、游泳池水、非传统水源等)，得2分	预评价：相关设计文件（含远传计量系统设置说明、分级水表计量示意图、水质监测点位说明、设置示意图等）； 评价：相关竣工图（含远传计量系统设置说明、分级水表计量示意图、水质监测点位说明、设置示意图等）、监测与发布系统设计说明，投入使用的项目尚应查阅漏损检测管理制度（或漏损检测、分析及整改情况报告）、水质监测管理制度（或水质监测记录）	《绿色建筑评价标准》GB/T 50378
智能化服务系统（9分）（电气）	1. 条文：10.4.1 中小学校的智能化系统应包括计算机网络控制室、视听教学系统、安全防范监控系统、通信网络系统、卫星接收及有线电视系统、有线广播及扩声系统等。且设置电器控制、照明控制、环境监测，至少3种服务功能，可得3分。 2. 具有远程监控的功能，得3分。 3. 具有接入智慧城市（城区、社区）功能，得3分	预评价：相关设计文件（环境设备监控系统设计方案、智能化服务平台方案、相关智能化设计图纸、装修图纸）； 评价：相关竣工图、产品型式检验报告、投入使用的项目尚应查阅管理制度、历史监测数据、运行记录	《中小学校设计规范》GB 50099、《智能建筑设计标准》GB/T 50314

4. 物业管理

表 13

条文及专业	技术措施	评价内容	参考标准
制定节能、节水、节材、绿化操作规程、应急预案、管理激励机制，且有效实施（5分）（运营）	1. 操作规程与应急预案，得2分。 2. 工作考核（节能、节水绩效），得3分	评价：管理制度、操作规程、运行记录	《民用建筑能耗标准》GB/T 51161、《民用建筑节水设计标准》GB 50555、《绿色建筑评价标准》GB/T 50378
建筑平均日用水量满足国家节水用水定额（5分）（运营）	1. 大于节水用水定额平均值，不大于上限值，得2分。 2. 大于节水用水定额下限值，不大于平均值，得3分。 3. 不大于节水用水定额下限值，得5分	评价：实测用水量计量报告和建筑平均日用水量计算书	《民用建筑节水设计标准》GB 50555
对运营效果进行评估并优化（12分）（运营）	1. 制定评估方案和计划，得3分。 2. 检查、调适公共设施设备，有记录，得3分。 3. 节能诊断并优化，得4分。 4. 用水水质检测并公示，得2分	评价：管理制度、年度评估报告、历史监测数据、运行记录、检测报告、诊断报告	《公共建筑节能检测标准》JGJ/T 177、《生活饮用水标准检验方法》GB/T 5750.1~GB/T 5750.13
绿色宣传与实践（8分）（运营）	1. 每年至少2次绿色建筑宣讲，得2分。 2. 绿色行为展示、体验、交流并形成准则、成册推广，得3分。 3. 每年开展1次绿色性能使用调查，得3分	评价：管理制度、工作记录、活动宣传和推送材料、绿色设施使用手册、影响材料、年度调查报告及整改方案	《绿色建筑评价标准》GB/T 50378

2.4 资源节约

2.4.1 控制项

表 14

条文及专业	技术措施	评价内容	参考标准
因地制宜、适应气候的设计（建筑）	在考虑当地气候、建设需求、场地特点及地方文化的前提下，强化"空间节能优化"的原则，充分利用自然通风、采光，降低建筑能耗	预评价：相关设计文件（总图、建筑鸟瞰图、单体效果图、人群视点透视图、平立剖图纸、设计说明等）、节能计算书、建筑日照模拟计算报告、优化设计报告；评价：相关竣工图、节能计算书、建筑日照模拟计算报告、优化报告等	《公共建筑节能设计标准》GB 50189、《夏热冬暖地区居住建筑节能设计标准》JGJ 75
采用降低能耗措施（建筑）	1. 根据区域房间的朝向、使用时间、功能细分供暖空调。 2. 空调冷源的部分负荷性能系数（IPLV），电冷源综合制冷性能系数（SCOP）符合国标规定	预评价：相关设计文件 [暖通专业施工图及设计说明，要求有控制策略、部分负荷性能系数（IPLV）计算说明、电冷源综合制冷性能系数（SCOP）计算说明]；评价：相关竣工图、冷源机组设备说明	《公共建筑节能设计标准》GB 50189
根据房间功能设置分区温度（建筑、暖通）	1. 结合不同的行为特点、功能需求合理设定室内温度标准。 2. 在保证舒适的前提下，合理设置少用能、不用能空间，减少用能时间，缩小用能空间。 3. 对于门厅、中庭、高大空间中超出人员活动范围的"过渡空间"，适当降低温度标准，"小空间保证，大空间过渡"	预评价：相关设计文件；评价：相关竣工图、计算书	《公共建筑节能设计标准》GB 50189
依据空间需求控制照明（电气）	1. 条文 9.3.1 主要用房桌面或地面的照明设计值不应低于表 9.3.1 的规定，其照度均匀度不应低于 0.7，且不应产生眩光。 9.3.2 主要用房的照明功率密度值及对应照度值应符合表 9.3.2 的规定及现行国家标准《建筑照明设计标准》GB 50034 的有关规定。 2. 分区控制、定时控制、自动感应开关、照度调节、降低照明能耗	预评价：相关设计文件（包含电气照明系统图、电气照明平面施工图）、设计说明（需包含照明设计需求、照明设计标准、照明控制措施等）、建筑照明功率密度计算分析报告；评价：相关竣工图、设计说明（需包含照明设计要求、照明设计标准、照明控制措施等）、建筑照明功率密度检测报告	《中小学校设计规范》GB 50099、《建筑照明设计标准》GB 50034
独立分项计量（电气）	1. 对冷热源、输配系统和照明、热水能耗实现独立分项计量。 2. 根据面积或功能等实现分项计量，发现问题并提出改进措施	预评价：相关设计文件；评价：相关竣工图、分项计量记录	《民用建筑节能条例》、《绿色建筑评价标准》GB/T 50378
电梯节能（电气）	群控、变频调速拖动、能量再生回馈等至少一项技术实现电梯节能	预评价：相关设计文件、电梯人流平衡计算分析报告；评价：相关竣工图、相关产品型式检验报告	《绿色建筑评价标准》GB/T 50378
水资源利用（给水排水）	1. 按用途、付费或管理单元，分项水计量。 2. 用水量大于 0.2MPa 的配水支管应减压。 3. 采用节水产品	预评价：相关设计文件（含水表分级设置示意图、各层用水点用水压力计算图表、用水器具节水性能要求）、水资源利用方案及其在设计中的落实说明；评价：相关竣工图、水资源利用方案及其在设计中的落实说明、用水器具产品说明书或产品节水性能检测报告	《节水型产品通用技术条件》GB/T 18870、《绿色建筑评价标准》GB/T 50378

条文及专业	技术措施	评价内容	参考标准
建筑形体、结构布置（结构）	严重不规则的建筑不应采用	预评价：相关设计文件（建筑图、结构施工图）、建筑形体规则性判定报告；评价：相关竣工图、建筑形体规则性判定报告	《建筑抗震设计规范》GB 50011
建筑造型简约、无大量装饰性构件（建筑）	屋顶装饰性构件特别注意鞭梢效应；对于不具备功能性的飘板、格栅、塔、球、曲面等装饰性构件应控制其造价、不应大于建筑造价的1%	预评价：相关设计文件，有装饰性构件的应提供功能说明书和造价计算书；评价：相关竣工图、造价计算书	《绿色建筑评价标准》GB/T 50378
选用的建筑材料（建筑、结构）	1.500km 内由生产的建筑材料重量比大于60%。2.采用预拌混凝土和预拌砂浆	预评价：《结构施工图及设计说明》、工程材料预算清单；评价：结构竣工图及设计说明、购销合同及用量清单等有关证明文件	《预拌砂浆》GB/T 25181、《预拌砂浆应用技术规程》JGJ/T 223、《预拌混凝土》GB/T 14902

2.4.2 评分项

1. 节地与土地利用

表 15

条文及专业	技术措施	评价内容	参考标准
节约利用土地（20分）（建筑）	根据以下公共建筑容积率评分规则评分：$0.5 \leq R < 0.8$，得8分；$R \geq 2.0$，得12分；$0.8 \leq R < 1.5$，得16分；$1.5 \leq R < 2.0$，得20分	预评价：规划许可的设计条件、相关设计文件、计算书、相关施工图；评价：相关设计文件、计算书、相关竣工图	《绿色建筑评价标准》GB/T 50378
合理利用地下空间（12分）（建筑）	根据以下地下空间开发利用指标评分规则评分：地下空间开发利用指标：地下建筑面积与总用地面积的比率 R_{p1}、地下一层建筑面积与总用地面积的比率 R_p；$R_{p1} \geq 0.5$，得5分；$R_{p1} \geq 0.7$ 且 $R_p < 70\%$，得7分；$R_{p1} \geq 1.0$ 且 $R_p < 60\%$，得12分	预评价：相关设计文件、计算书；评价：相关竣工图、计算书	《绿色建筑评价标准》GB/T 50378
采用机械、地下或地面停车方式（8分）（建筑）	地面停车面积与建设用地面积的比率小于8%，得8分	预评价：相关设计文件、计算书；评价：相关竣工图、计算书	《绿色建筑评价标准》GB/T 50378

2. 节能与能源利用

表 16

条文及专业	技术措施	评价内容	参考标准
优化围护结构热工性能（15分）（建筑、暖通）	1.围护结构热工性能比国家标准提高5%，得5分；提高10%，得10分；提高15%，得15分。2.建筑供暖空调负荷比国家标准降低5%，得5分；降低10%，得10分；降低15%，得15分	预评价：相关设计文件（设计说明、围护结构施工详图）、节能计算书、建筑围护结构节能率分析报告（第2款评价时）；评价：相关竣工图（设计说明、围护结构竣工详图）、节能计算书、建筑围护结构节能率分析报告（第2款评价时）	《公共建筑节能设计标准》GB 50189、《夏热冬暖地区居住建筑节能设计标准》JGJ 75

条文及专业	技术措施	评价内容	参考标准
空调机组的能效（10分）（暖通）	根据《绿色建筑评价标准》GB/T 50378 中 7.2.5 中表格冷热源机组能效提升幅度评分规则评分	预评价：相关设计文件； 评价：相关竣工图、主要产品型式检验报告	《公共建筑节能设计标准》GB 50189
降低空调系统的末端系统及输配系统能耗（5分）（暖通）	采用分体空调、多联机空调系统直接得分。如设新风机的项目，新风机需参与评价，风机的单位风量耗功率比现行国家标准《公共建筑节能设计标准》GB 50189 的规定低 20%	预评价：相关设计文件； 评价：相关竣工图、主要产品型式检验报告	《公共建筑节能设计标准》GB 50189
采用节能型电气设备（10分）（电气）	1. 条文 9.3.2 主要用房的照明功率密度值及对应照度值应符合表 9.3.2 的规定及现行国家标准《建筑照明设计标准》GB 50034 的有关规定。满足目标值要求可得 5 分。 2. 采光区域人工照明随天然光自动调节，得 2 分。 3. 照明产品、三相配电变压器、水泵、风机等设备满足国家节能标准，得 3 分	预评价：相关设计文件、相关设计说明； 评价：相关竣工图、相关设计说明、相关产品型式检验报告	《中小学校设计规范》GB 50099、《建筑照明设计标准》GB 50034、《三相配电变压器能效限定值及能效等级》GB 20052
采取措施降低能耗（10分）（暖通、电气）	建筑能耗相比国家现行有关建筑节能标准降低10%，得 5 分；降低 20%，得 10 分	预评价：相关设计文件（暖通、电气、内装专业施工图纸及设计说明）、建筑暖通及照明系统能耗模拟计算书； 评价：相关竣工图、建筑暖通及照明系统能耗模拟计算书、暖通系统运行调试记录等，投入使用的项目尚应查阅建筑运行能耗系统统计数据	《公共建筑节能设计标准》GB 50189、《夏热冬暖地区居住建筑节能设计标准》JGJ 75
可再生能源利用（10分）（给水排水、暖通、电气）	根据《绿色建筑评价标准》GB/T 50378 中 7.2.9 中表格可再生能源利用评分规则评分	预评价：相关设计文件、计算分析报告； 评价：相关竣工图、计算分析报告、产品型式检验报告	《公共建筑节能设计标准》GB 50189、《绿色建筑评价标准》GB/T 50378

3. 节水与水资源利用

表 17

条文及专业	技术措施	评价内容	参考标准
使用较高用水效率等级的卫生器具（15分）（给水排水）	1. 全部卫生器具的用水效率等级达到 2 级，得 8 分。 2.50% 以上卫生器具的用水效率等级达到1 级且其他达到 2 级，得 12 分。 3. 全部卫生器具的用水效率等级达到 1 级，得 15 分	预评价：相关设计文件、产品说明书（含相关节水器具的性能参数要求）； 评价：相关竣工图、设计说明、产品说明书、产品节水性能检测报告	《水嘴用水效率限定值及用水效率等级》GB 25501、《坐便器水效限定值及水效等级》GB 25502、《小便器用水效率限定值及用水效率等级》GB 28377、《淋浴器用水效率限定值及用水效率等级》GB 28378、《便器冲洗阀用水效率限定值及用水效率等级》GB 28379
绿化灌溉节水（12分）（给水排水）	1. 节水灌溉系统，得 4 分。 2. 节水灌溉系统的基础上，设置土壤湿度感应器、雨天自动关闭装置等节水控制措施，或种植无须永久灌溉植物，得 6 分。 3. 用无蒸发耗水量的冷却技术，得 6 分	预评价：相关设计图纸、设计说明（含相关节水产品的设备材料表）、产品说明书等； 评价：设计说明、相关竣工图、产品说明书、产品节水性能检测报告、节水产品说明书等	《绿色建筑评价标准》GB/T 50378

条文及专业	技术措施	评价内容	参考标准
结合雨水营造景观水体（8分）（给水排水、景观）	室外景观水体利用雨水的补水量大于水体蒸发量的60%： 1. 入室外景观水体的雨水，利用生态设施削减径流污染，得4分。 2. 水生动、植物保障室外景观水体水质，得4分	预评价：相关设计文件（含总平面图竖向、室内外给水排水施工图、水景详图等）、水量平衡计算书； 评价：相关竣工图、计算书、景观水体补水用水计量运行记录、景观水体水质检测报告等	《民用建筑节水设计标准》GB 50555、《绿色建筑评价标准》GB/T 50378
非传统水源（15分）（给水排水）	1. 绿化灌溉、车库及道路冲洗、洗车用水采用非传统水源的用水量占其总用水量不低于40%，得3分；不低于60%，得5分。 2. 冲厕采用非传统水源总用量不低于20%，得3分；不低于40%，得5分	预评价：相关设计文件、当地相关主管部门的许可、非传统水源利用计算书； 评价：相关竣工图纸、设计说明、传统水源利用计算书、非传统水源水质检测报告	《民用建筑节水设计标准》GB 50555、《绿色建筑评价标准》GB/T 50378

4. 节材与绿色建材

表18

条文及专业	技术措施	评价内容	参考标准
建筑与装修一体化设计及施工（8分）（建筑）	土建与装修同时设计，土建按照装修的要求进行孔洞与预留，全部区域装修可得8分	预评价：土建、装修各专业施工图及其他证明材料； 评价：土建、装修各专业竣工图及其他证明材料	《绿色建筑评价标准》GB/T 50378
结构材料（10分）（结构）	1. 钢筋混凝土结构（高强度钢筋混凝土比例） （1）400MPa级及以上强度等级钢筋应用比例达到85%，得5分。 （2）竖向承重结构采用强度等级不小于C50用量占竖向承重结构中总量的比例达到50%，得5分。 2. 钢结构（高强度钢材、螺栓连接点比例） （1）Q345及以上高强钢用量占钢材总量的比例达到50%，得3分；达到70%，得4分。 （2）螺栓连接等非现场焊接节点占现场全部连接、拼接节点的数量比例达到50%，得4分。 （3）采用施工时免支撑的楼屋面板，得2分。 3. 对于混合结构，还需计算建筑结构比例，按照得分取各项得分的平均值	预评价：相关设计文件、各类材料用量比例计算书； 评价：相关竣工图、施工记录、材料决算清单、各类材料用量比例计算书	《钢结构设计标准》GB 50017、《绿色建筑评价标准》GB/T 50378
建筑装修选用工业化内装部品（8分）（建筑）	工业化装饰部品、整体卫浴、厨房、装配式吊顶、干式工法地面、装配式内墙管线集成与设备设施，达到50%以上的部品种类，达到1种，得3分；达到3种，得5分；达到3种以上，得8分	预评价：相关设计文件（建筑及装修专业施工图、工业化内装部品施工图）、工业化内装部品用量比例计算书； 评价：相关竣工图、工业化内装部品用量比例计算书	《装配式建筑评价标准》GB/T 51129
选用可再循环、可再利用材料及利废建材（12分）（建筑）	1. 可再循环材料和可再利用材料用量，达到10%，得3分；达到15%，得6分。 2. 利废建材用量比例： （1）采用一种利废建材用量不低于50%，得3分。 （2）采用两种及以上，每一种占同类建材用量不低于30%，得6分。 可再循环材料（门、窗、钢、玻璃等），可再利用材料（标准尺寸型材），利废建材（工业废料、农作物秸秆、建筑垃圾等）	预评价：工程概算材料清单、各类材料用量比例计算书、各种建筑的使用部位及使用量一览表； 评价：工程决算材料清单、相关产品检测报告、各类材料用量比例计算书、利废建材中废弃物掺量说明及证明材料	《装配式建筑评价标准》GB/T 51129

续表

条文及专业	技术措施	评价内容	参考标准
选用绿色建材（12分）（建筑）	绿色建材比例不低于30%，得4分；不低于50%，得8分；不低于70%，得12分。根据公式计算P=[（S1+S2+S3+S4）/100]×100%	预评价：相关设计文件、计算分析报告；评价：相关竣工图、计算分析报告、检测报告、工程决算材料清单、绿色建材标识证书、施工记录	《绿色建材评价标识管理办法》、《促进绿色建材生产和应用行动方案》

2.5 环境宜居

2.5.1 控制项

表 19

条文及专业	技术措施	评价内容	参考标准
建筑及周边应满足日照（建筑）	条文：4.3.3普通教室冬至日满窗日照不应少于2h	预评价：相关设计文件、日照分析报告。评价：相关竣工图、日照分析报告	《中小学校设计规范》GB 50099、《建筑日照计算参数标准》GB/T 50947
室外热环境（建筑、绿色建筑）	室外场地热环境模拟图，采取有效措施改善场地通风不良、遮阳不足、绿量不够、渗透不强的一系列问题	预评价：相关设计文件、场地热环境计算报告；评价：相关竣工图、场地热环境计算报告	《城市居住区热环境设计标准》JGJ 286
配建绿地（建筑、景观）	1.绿地种植方：乔木为主，落木填补林下空间、地面栽花种草。2.采用本地植物，无毒无害、无刺。3.鼓励屋顶绿化、架空层绿化、垂直绿化等立体绿化方式	预评价：相关设计文件（苗木表、屋顶绿化、覆土绿化和/或垂直绿化的区域及面积、种植区域的覆土深度、排水设计）；评价：相关竣工图、苗木采购清单	《绿色建筑评价标准》GB/T 50378
场地竖向设计有利于雨水的收集或排放（景观、给水排水）	满足当地海绵城市的设计标准	预评价：相关设计文件（场地竖向设计文件）、年径流总量控制率计算书、设计控制雨量计算书、场地雨水综合利用方案或专项设计文件；评价：相关竣工图、年径流总量控制率计算书、设计控制雨量设计书、场地雨水综合利用方案或专项设计文件	《城乡建设用地竖向规划规范》CJJ 83、《深圳市海绵城市规划要点和审查细则》、《深圳市房屋建筑工程海绵设施设计规程》SJG 38
便于识别和使用标识系统（建筑、景观）	1.应与学生的身高相匹配。2.色彩、形式、字体、符号应整体、统一、可辨识	预评价：相关设计文件（标识系统设计文件）；评价：相关竣工图	《公共建筑标识系统技术规范》GB/T 51223、《绿色建筑评价标准》GB/T 50378
场地内不应排放超标的污染源（建筑）	条文：6.2.19食堂不应与教学用房合并设置，宜设在校园的下风向。厨房的噪声及排放的油烟、气味不得影响教学环境	预评价：环评报告、治理措施分析报告；评价：环评报告、治理措施分析报告	《中小学校设计规范》GB 50099、《绿色建筑评价标准》GB/T 50378
生活垃圾管理（建筑、运营）	1.生活垃圾分四类：有害垃圾、易腐垃圾（厨余垃圾）、可回收垃圾、其他垃圾2.垃圾收集器的收集点设置应隐蔽、避风，与景观相协调	预评价：相关设计文件、垃圾收集设施布置图；评价：相关竣工图、垃圾收集设施布置图，投入使用的项目尚应查阅相关管理制度	《绿色建筑评价标准》GB/T 50378

2.5.2 评分项

1. 场地生态与景观

表 20

条文及专业	技术措施	评价内容	参考标准
保护或修复生态环境（10分）（建筑、景观）	1. 充分利用原有地形地貌，减小土石方工程量，减少对场地及周边环境生态系统的改变，得10分。 2. 地表层0.5m厚的表土富含营养，回收、利用是对土壤资源的保护，得10分。 3. 根据场地情况，采取生态恢复补偿措施，得10分	预评价：场地原地形图、相关设计文件（带地形的规划设计图、总平面图、竖向设计图、景观设计总平面图）； 评价：相关竣工图、生态补偿方案（植被保护方案及记录、水面保留方案、表层土利用相关图纸或说明文件等）、施工记录、影像材料	《绿色建筑评价标准》GB/T 50378
规划场地、屋面雨水经济、控制雨水外排（10分）（景观、给水排水）	结合海绵城市措施，控制率达到55%，得5分；达到70%，得10分； 控制率 =（滞蓄、调蓄、收集）/设计控制雨量	预评价：相关设计文件年径流总量控制率计算书、设计控制雨量计算书、场地雨水综合利用方案或专项设计文件； 评价：相关竣工图、年径流总量控制率计算书、设计控制雨量设计书、场地雨水综合利用方案或专项设计文件	《绿色建筑评价标准》GB/T 50378、《深圳市海绵城市规划要点和审查细则》、《深圳市房屋建筑工程海绵设施设计规程》SJG 38
充分利用场地空间设置绿化用地（16分）（景观）	绿地率包含了地面绿地、地下室绿地、屋顶绿地、架空层绿地（绿地率根据以上绿地覆土厚度而折减） 1. 公共建筑绿地率达到规划指标105%及以上，得10分； 2. 绿地向公众开放，得6分	预评价：规划许可的设计条件、相关设计文件、日照分析报告、绿地率计算书； 评价：相关竣工图、绿地率计算书	《绿色建筑评价标准》GB/T 50378
室外吸烟区设置（9分）（建筑）	中小学校不设置吸烟区，直接得分	预评价：相关设计文件； 评价：相关竣工图	《绿色建筑评价标准》GB/T 50378
绿色雨水设施（15分）（景观）	绿色雨水设施：雨水花园、下凹式绿地、屋顶绿地、植被浅沟、截污设施、渗透设施、雨水塘、雨水湿地、景观水体等。 1. 有调蓄雨水功能的绿地、水体面积之和与绿地面积之比达到40%，得3分；达到60%，得5分。 2. 80%的屋面雨水进入地面生态设施，得3分。 3. 80%道路雨水进入地面生态设施，得4分。 4. 透水铺装比例达到50%，得3分。 	预评价：相关设计文件（含平面图、景观设计图、室外给水排水总平面图等）、计算书； 评价：相关竣工图、计算书	《绿色建筑评价标准》GB/T 50378

2. 室外物理环境

表 21

条文及专业	技术措施	评价内容	参考标准
场地内环境噪声控制（10 分）（建筑）	条文 4.3.7 各类教室的外窗与相对的教学用房或室外运动场地边缘间的距离不应小于 25m	预评价：环评报告（含有噪声检测及预测评价或独立的环境噪声影响测试评估报告）、相关设计文件、声环境优化报告；评价：相关竣工图、声环境检测报告	《绿色建筑评价标准》GB/T 50378、《声环境质量标准》GB 3096
建筑及照明避免产生光污染（10 分）（建筑、电气）	学校不采用玻璃幕墙，也不设置夜景照明，直接得分	预评价：相关设计文件、光污染分析报告；评价：相关竣工图、光污染分析报告、检测报告	《绿色建筑评价标准》GB/T 50378、《城市夜景照明设计规范》JGJ/T 163
场地内风环境（10 分）（绿色建筑）	提供风环境分析报告。1.5m 处风速，人员活动区不出现涡旋或无风区；50% 以上开启外窗室内外风压差大于 0.5Pa，满足要求得 10 分	预评价：相关设计文件、风环境分析报告等；评价：相关竣工图、风环境分析报告	《绿色建筑评价标准》GB/T 50378
降低热岛温度（10 分）（建筑、绿色建筑）	建筑阴影区为夏至日 8：00~16：00 时段在 4h 日照等时线内的区域。乔木遮阴面积按照成年乔木的树冠正投影面积计算。1. 建筑阴影区外的庭院、广场等设乔木、花架等遮阳面积比例达到 10%，得 2 分；达到 20%，得 3 分。2. 建筑阴影区外的车道、路面反射系数 ≥ 0.4 或行道树的路段长度超过 70%，得 3 分。3. 屋顶的绿化面积、太阳能板水平投影面积以及太阳辐射反射系数不小于 0.4 的屋面面积合计达到 75%，得 4 分	预评价：相关设计文件、日照分析报告、计算书；评价：相关竣工图、日照分析报告、计算书、材料性能检测报告	《绿色建筑评价标准》GB/T 50378

2.6 提高与创新

表 22

条文及专业	技术措施	评价内容	参考标准
加分项			
降低建筑空调系统能耗（30 分）（暖通）	建筑供暖空调负荷比国家标准降低 40%，得 10 分；每再降低 10%，再得 5 分，最高得 30 分	预评价：相关设计文件（相关设计说明、围护结构施工详图）、节能计算书、建筑综合能耗节能率分析报告；评价：相关竣工图（围护结构竣工详图、相关设计说明）、节能计算书、建筑综合能耗节能率分析报告	《公共建筑节能设计标准》GB 50189、《夏热冬暖地区居住建筑节能设计标准》JGJ 75
当地建筑特色的传承与校园文化设计（20 分）（建筑）	传统建筑中因地制宜、适应气候的设计方法的继承，学校文化传承、场所精神的刻画，满足要求得 20 分	预评价：相关设计文件；评价：相关竣工图	《绿色建筑评价标准》GB/T 50378

续表

条文及专业	技术措施	评价内容	参考标准
利用废弃场地，利用尚可使用的旧建筑（8分）（建筑、结构）	对场地土壤检测与再利用评估；对旧建筑进行质量检测、安全加固，满足要求得8分	预评价：相关设计文件、环评报告、旧建筑使用专项报告； 评价：相关竣工图、环评报告、旧建筑使用专项报告、检测报告	《绿色建筑评价标准》GB/T 50378
场地绿容率（5分）（景观）	场地绿容率计算值≥3.0，得3分；实测值≥3.0，得5分。 绿容率=[∑（乔木叶面积指数×乔木投影面积×乔木株数）+灌木占地面积×3+草地占地面积×1]/场地面积 鼓励植种乔木、灌木	预评价：相关设计文件（绿化种植平面图、苗木表等）、绿容率计算书； 评价：相关竣工图、绿容率计算书或植被叶面积测量报告、相关证明材料	《绿色建筑评价标准》GB/T 50378
结构体系与建筑构件工业化建造（10分）（建筑、结构）	1.主体结构采用钢结构、木结构，得10分。 2.主体结构采用装配式混凝土结构，地上部分预制构件应用混凝土体积占混凝土总体积的比例达到35%，得5分；达到50%，得10分	预评价：相关设计文件、计算书； 评价：相关竣工图、计算书	《绿色建筑评价标准》GB/T 50378
BIM技术（15分）（建筑）	设计、施工、运营三个阶段采用BIM技术。一个阶段得5分；两个阶段得10分；三个阶段得15分	预评价：相关设计文件、BIM技术应用报告； 评价：相关竣工图、BIM技术应用报告	《住房城乡建设部关于印发推进建筑信息模型应用指导意见的通知》、《绿色建筑评价标准》GB/T 50378
进行建筑碳排放、计算（12分）（绿色建筑）	1.建筑固有的碳排放量； 2.标准运行工况下的碳排放量； 根据以上两个计算分析，满足要求得12分	预评价：建筑固有碳排放量计算分析报告（含减排措施）； 评价：建筑固有碳排放量计算分析报告（含减排措施），投入使用项目尚应查阅标准运行工况下的碳排放量计算分析报告（含减排措施）	《建筑碳排放计量标准》CECS 374、《绿色建筑评价标准》GB/T 50378
绿色施工和管理（20分）（结构）	1.获得绿色施工优良等级或绿色施工示范工程认定，得8分。 2.采取措施减少预拌混凝土损耗，损耗率降低至1.0%，得4分。 3.采取措施减少现场加工钢筋损耗，损耗率降低至1.5%，得4分。 4.现浇混凝土构件采用铝模等免墙面粉刷的模板体系，得4分	评价：绿色施工实施方案、绿色施工等级或绿色施工示范工程的认定文件，混凝土用量结算清单、预拌混凝土结算清单，钢筋进货单，施工单位统计计算的现场加工钢筋损耗率、铝模材料设计方案及施工日志	《建筑工程绿色施工规范》GB/T 50905、《建筑工程绿色施工评价标准》GB/T 50640
采用工程质量保险（20分）（运营）	1.土建质量保险，得10分。 2.装修、安装质量保险，得10分	预评价：建设工程质量保险产品投保计划； 评价：建设工程质量保修产品保单，核查其约定条件和实施情况	《绿色建筑评价标准》GB/T 50378
节约资源、保护环境、智慧运营、传承文化等创新有明显效益（40分）（建筑）	每条10分，有证据证明效果明显	预评价：相关设计文件、分析论证报告及相关证明材料； 评价：相关设计文件、分析论证报告及相关证明材料。	《绿色建筑评价标准》GB/T 50378

后记

　　20 世纪 50 年代我国的建筑方针是"适用经济在可能条件下讲求美观"，这是当时我们这一代人牢记在心的设计原则。在以后的很长一段时间里，我们的建筑行业似乎迷失了方向，贪大、媚洋、求怪等乱象丛生，乱拆、乱建毁了不少有价值的历史建筑，造成极大浪费及对环境的污染。蓝天白云没了，绿水青山没了，生态环境被破坏了，现在各种灾害及恶劣的环境威胁着人类的健康、安全和动物的生存。

　　时隔 60 年，国务院提出了新的建筑八字方针——"适用、经济、绿色、美观"，简单的八个字，内涵丰富，且特别增加了"绿色"，主要是包括在建筑全寿命周期内的节约资源，保护环境，提供人与自然的和谐共生的设计产品。

　　本书是设计师们在遵循"八字方针"的原则下，对绿色校园规划设计的实践与探索的总结。绿色设计从校园做起具有深远的意义，使年轻人从小懂得保护环境，节约资源，敬畏大自然。

　　希望我们的建筑师能深刻理解和坚持贯彻"八字方针"，在节约能源、推广绿色建筑方面做出更大成绩，成为恪守职业道德的典范。

冯康曾

2020 年 4 月 20 日